绍兴文理学院出版基金资助

智能激光收敛仪系统及其在岩土与地下工程中的应用

陈忠清　夏才初　那通兴　著

科学出版社
北　京

内 容 简 介

本书系统论述智能激光收敛仪系统及其在岩土工程与地下工程监测中的应用。全书共 7 章，主要内容包括智能激光收敛仪监测系统开发及其监测隧道周边收敛和拱顶下沉、基坑围护结构变形、隧道洞口边仰坡地表位移、沉井施工过程井壁位移、地下水位及钢支撑轴力。

本书可供岩土工程、地下建筑工程及隧道工程等领域的科研人员和工程技术人员阅读参考，也可作为土木工程、地质工程等专业的研究生教材或参考书。

图书在版编目（CIP）数据

智能激光收敛仪系统及其在岩土与地下工程中的应用/陈忠清，夏才初，那通兴著. —北京：科学出版社，2024.5

ISBN 978-7-03-078529-9

Ⅰ. ①智… Ⅱ. ①陈… ②夏… ③那… Ⅲ. ①激光-收敛-系统-应用-岩土工程-研究②激光-收敛-系统-应用-地下工程-研究 Ⅳ. ①TU4②TU94

中国国家版本馆 CIP 数据核字（2024）第 097819 号

责任编辑：李 海 李程程 / 责任校对：王万红
责任印制：吕春珉 / 封面设计：东方人华平面设计部

科学出版社 出版
北京东黄城根北街 16 号
邮政编码：100717
http://www.sciencep.com
北京九州迅驰传媒文化有限公司 印刷
科学出版社发行 各地新华书店经销
*
2024 年 5 月第 一 版 开本：B5（720×1000）
2024 年 5 月第一次印刷 印张：8 1/2
字数：172 000

定价：96.00 元

（如有印装质量问题，我社负责调换〈九州迅驰〉）
销售部电话 010-62136230 编辑部电话 010-62135319-2030

前　　言

目前隧道周边收敛和拱顶下沉、基坑围护结构变形、隧道洞口边仰坡地表位移、沉井施工过程井壁位移、地下水位及钢支撑轴力等方面的传统监测方法和监测仪器，往往具有一定的局限性，如测量精度较低、监测过程操作烦琐、劳动强度大、工作效率低等。本书作者所在研究团队基于相位式激光测距原理，开发出了能够快速、精确测量岩土与地下工程变形的智能激光收敛仪及与其配套的对准调节装置和角度可调节的反光片，并提出了相应的工程监测方法。智能激光收敛仪系统具有如下优势：①测量精度高（精度为±1.0mm，分辨率为 0.1mm）；②仅需一人操作，监测效率高，劳动强度低；③操作简单，安装、拆卸便捷，监测时不影响隧道的正常施工；④无线遥控触发按钮可以避免直接按键抖动影响测量精度；⑤加密监测数据，防止数据造假。

本书共 7 章，各章简要概述如下：第 1 章主要介绍隧道周边收敛和拱顶下沉监测技术、基坑位移监测技术及隧道洞口边仰坡地表位移监测技术方面的研究现状；第 2 章主要介绍激光收敛仪主机的原理和功能、对准调节装置和反光片的设计，以及隧道周边收敛和拱顶下沉监测的后处理软件 TunnelDataMgr 的功能和使用方法；第 3 章主要介绍激光收敛仪监测隧道周边收敛和拱顶下沉的测量方法，并详细介绍激光收敛仪监测隧道周边收敛和拱顶下沉的精度及其影响因素；第 4 章主要介绍激光收敛仪监测基坑顶部水平位移、围护结构深层水平位移的测量方法，并详细介绍激光收敛仪监测基坑围护结构变形的精度及其影响因素；第 5 章主要介绍激光收敛仪监测隧道洞口边仰坡地表位移的测量方法及其精度要求；第 6 章主要介绍激光收敛仪监测沉井侧壁单点水平位移和竖向沉降及不均匀水平位移和竖向沉降的测量方法；第 7 章主要介绍激光收敛仪监测基坑周边地下水位及基坑钢支撑轴力的原理与测量方法。

本书是夏才初教授团队发明的智能激光收敛仪测试系统及其相关测试方法和应用方面研究成果的总结，其中第 1、4、6 章由夏才初执笔，第 2、3、5、7 章由陈忠清和那通兴执笔。作者在撰写过程中参考和引用了国内外许多专家、学者的科研成果，并得到了华汇工程设计集团股份有限公司的大力支持，在此谨向他们表示衷心的感谢。

限于作者水平，书中难免存在欠妥之处，敬请读者批评指正。

目　　录

第1章　绪　　论

1.1　研究背景及意义

1.1.1　研究背景

由于岩土体材料性质的复杂性，岩土介质与结构相互作用的复杂性，人类认识水平的局限性，岩土及地下工程的重要性、隐蔽性及工程灾害事故的突发性，岩土与地下工程在施工和运营期间的安全非常依赖于监测工作。作为工程设计和施工不可分割的重要组成部分，岩土与地下工程监测通过现场监控量测及对量测数据的处理和分析，来确保岩土与地下工程的稳定和安全，同时为工程的信息化设计与施工提供依据。

1. 隧道工程

《国家公路网规划（2013 年—2030 年）》明确了“71118”高速公路网布局方案，包括 7 条首都放射线、11 条北南纵线和 18 条东西横线，总规模约 13.6 万 km；普通国道网由 12 条首都放射线、47 条北南纵线、60 条东西横线等路线组成，总规模约 26.5 万 km[1]。截至 2022 年底，全国公路隧道共有 24850 处、2678.43 万延米，其中，特长隧道 1752 处、795.11 万延米，长隧道 6715 处、1172.82 万延米[2]。目前，我国是世界上拥有铁路隧道最多、里程最长的国家之一。截至 2020 年底，我国已有运营铁路隧道 16798 座，总里程 19630km，其中，特长铁路隧道（长度在 10km 以上）共 209 座，总长 2811km；在建铁路隧道 2746 座，里程 6083km；已纳入规划的铁路隧道 6354 座，里程约 16255km[3]。伴随着公路隧道、铁路隧道的大量开工建设，每年隧道施工安全事故也时有发生。例如，2010 年云浮隧道塌方造成 5 人死亡、4 人受伤，另有 1 人失踪；2011 年甘肃新兰铁路隧道塌方造成 12 人死亡；2012 年广西多贤隧道塌方造成 5 人死亡、1 人受伤，大（庆）广（州）隧道塌方造成 16 人被困；2013 年遂川县高倚四级电站排水隧道塌方造成 4 人死亡、1 人受伤；2014 年福建龙岩隧道塌方造成 21 人被困；2015 年昆明晋宁安企一号隧道塌方造成 12 人被困；2018 年广州地铁 21 号线隧道塌方造成 3 人死亡；2019 年山西晋城市太行一号国家风景道阳城段第三分部析城山隧道断面塌方造成 6 人死亡；2020 年广西百色乐业县乐业大道上岗隧道坍塌造成 9 人死亡。

有效、准确的监测和早期预防，无疑是减少人员伤亡、减轻灾害损失最有效的途径。在隧道施工过程中对隧道周边收敛和拱顶下沉的变形监测，可以判断隧道围岩和支护结构的安全与稳定，从而保证隧道施工的安全。作为新奥法（new Austrian tunneling method，NATM）的灵魂，监控量测是隧道工程施工的重要组成部分，是监控围岩与结构稳定性的重要手段；同时也是隧道施工管理中不可缺少的重要环节，可以为不同地质条件下的隧道施工选择合理的开挖方法、支护方式及支护时间提供科学的依据，为修改支护参数、变更设计和指导施工提供直接信息。与其他的工程测试一样，隧道工程中的施工监控量测具有重要的意义。

2. 基坑工程

随着城市化进程的深入、城市规模的不断扩大，城市建设用地需求量越来越大。将地面空间用于农业发展和环境可持续发展，将地下空间发展成为城市的第二个空间具有非常重要的意义，国际上已经提出把二十一世纪作为人类开发和利用地下空间的年代。城市地下空间的开发，带来了众多的城市基坑工程。城市内高楼林立、道路纵横、管线错综复杂，使基坑工程面临着复杂的周边环境，基坑坍塌事故造成的经济损失和社会影响也越来越大。例如，2008 年浙江杭州风情大道地铁一号线工地发生基坑塌方事故，致使 21 人死亡、重伤 1 人、轻伤 3 人；2009 年上海闵行区“莲花河畔景苑”一在建 13 层的 7 号楼发生整体倾倒事故；2012 年武汉地铁 4 号线发生基坑坍塌事故；2019 年扬州市广陵区发生“4·10”基坑坍塌事故，造成 5 人死亡、1 人受伤；2019 年四川成都市金牛区天回街道万圣新居 E 地块 4 号商业楼西北侧基坑发生局部坍塌，造成 3 人死亡；2021 年江苏南京银行科教创新园二期项目北侧基坑发生局部坍塌事故，造成 2 人死亡、2 人轻伤、1 人轻微伤。

因此，基坑工程在施工期间，务必保证周围建筑、道路、管线的安全，而基坑工程施工期间的监控量测是保证周围建筑、道路、管线安全的重要举措之一。

3. 边坡工程

公路和铁路建造过程中涉及边坡工程，我国滑坡等边坡失稳灾害发生频繁、受灾面广，是世界范围内地质灾害受灾最严重的国家之一。进入 20 世纪 80 年代后，我国相继发生了湖北盐池河山崩、湖北巴东县黄土滑坡、甘肃洒勒山滑坡及三峡新滩滑坡等事故，造成数百乃至数千的人员伤亡，财产损失达数亿元。

如果能够比较准确地预报滑坡发生的时间，则可采取相应的处置措施，防患于未然，将滑坡灾害造成的损失减少到最低[4]。边坡监测还可用于评价边坡在施工或使用过程中的稳定性，为滑坡防治提供技术支持。

1.1.2　研究意义

前面已经介绍了岩土与地下工程监测十分必要。但现有的隧道周边收敛及拱顶下沉、基坑顶部水平位移、基坑围护结构深层水平位移、隧道洞口边仰坡地表位移及沉井施工过程井壁位移的监测方法和监测仪器都存在一定的局限性，如测量精度较低、操作过程烦琐、劳动强度大、监测效率低。因此，有必要探索新的岩土与地下工程监测方法及监测仪器。

通过开展智能激光收敛仪监测系统及其在岩土与地下工程中的应用研究，可以为隧道周边收敛和拱顶下沉、基坑顶部水平位移和围护结构深层水平位移、隧道洞口边仰坡地表位移及沉井施工过程井壁位移监测提供一种新的非接触量测设备和监测方法。智能激光收敛仪能够提高隧道周边收敛和拱顶下沉的监测效率，降低监测劳动强度；将其应用于基坑顶部水平位移、围护结构深层水平位移、隧道洞口边仰坡地表位移及沉井施工过程井壁位移的监测，具有重要的实际工程意义和广泛的应用前景。

1.2　隧道周边收敛和拱顶下沉监测技术研究现状

隧道周边收敛和拱顶下沉监测按照接触形式的不同分为接触式量测、非接触式量测两种。接触式量测是指与被测物体表面直接接触获得测量信息的测量方法，如采用钢卷尺收敛计测量隧道周边收敛，采用水准仪悬挂钢尺法测量隧道拱顶下沉等；非接触式量测是指在不接触被测物体表面的情况下获得测量信息的方法，如全站仪、近景摄影测量、三维激光扫描技术等。

1.2.1　接触式量测

传统的隧道周边收敛采用钢卷尺收敛计进行量测，国内外已研制了多种类型的收敛计。谷志孟等[5-6]研制的 WRM 型系列收敛计有两套测量系统，一套用于测量施测时的拉力，一套用于测量收敛的微量变形。WRM-4 型收敛计的最小读数为 0.01mm，施测精度可达 0.03mm。宋冶[7]研制的 SWJ-Ⅳ隧道收敛计采用大张力自锁紧摇柄式加载系统，加载精度可达±0.25N；同时采用 LCD（liquid crystal display，液晶显示）电子数字显示方式，取代了传统的机械式百分表。范荣[8]研制的 SWJ-V 隧道收敛计，通过与掌上电脑（personal digital assistant，PDA）结合并采用光电控制技术形成一种能准确自动控制加载、自动记录和传输数据、可实现盲读的新型收敛计，其施测精度为 0.10mm。舒本仁[9]分析了钢尺式收敛计的误差来源，包括设计原理的系统误差、磨损产生的系统误差、测量时自重引起的系统误差、温度引起的误差及随机误差等。马莉[10]运用协方差理论，对机械式收敛计量测隧道净空收敛精度的各种误差来源进行了严密的分析与论证，得到机械式收敛计的施测精度仅为 0.6mm。

传统的隧道拱顶下沉监测采用精密水准仪悬挂钢尺法进行量测，刘绍堂等[11-12]介绍了精密水准仪在隧道拱顶下沉监测中的应用，其监测精度可以达到±（0.5～1）mm，但在量测边墙监测点或在特大断面中进行量测作业时，因为竖立水准尺或者悬挂钢尺困难而不便操作。雷坚强[13]介绍了测微器的基本工作原理、读数方法，结合使用自动安平水准仪 DSZ2 和平板测微器 FS1 的组合形式进行拱顶下沉量测，其监测精度可达±0.1mm。张泽信等[14]将静力水准仪应用于运营地铁隧道的变形监测中，通过静力水准仪与精密水准仪的对比监测表明，静力水准仪满足±1.0mm 的监测精度要求。但静力水准仪受震动影响较大，且成本较高，目前很少用于隧道施工时的拱顶下沉监测。

20 世纪 90 年代中期，美国兴柯（Sinco）公司研制了巴塞特（Bassett）收敛系统，Bassett 等[15]详细介绍了巴塞特收敛系统的原理、构造，并在伦敦的运营地铁中进行了测试。李欣和方长运[16]介绍了巴塞特收敛系统及其数据结构，建立了数据处理模型，并设计了巴塞特系统数据处理软件。由于巴塞特系统安装烦琐、数据处理难度大，目前未在工程中得到推广与应用。

1.2.2 非接触式量测

随着免棱镜测量技术的发展，全站仪也逐步被应用于隧道施工监测中。宋冶[17]运用全站仪自由设站法进行三维变形观测的精度可以达到 0.1mm，在广州北环高速公路白云隧道变形监测项目中投入使用并获得成功。王浩等[18]用徕卡 TC2002 型全站仪在北京地铁复八线（一号线东段）东建区间进行隧道开挖施工三维变形监测，其隧道周边收敛和拱顶下沉的观测精度达到±1.0mm。邓念武和朱杰兵[19]对高精度全站仪在隧洞三维收敛变形观测中的仪器选择、控制点和测点布置、位移计算及三维精度估算进行了详细的分析，通过采取增加测回数、选择理想的监测位置及对监测数据进行条件平差计算等措施，测点的平面坐标精度可以控制在±1.5mm 左右，测点高程的精度可控制在±1.0mm 左右。

杨松林等[20-21]提出使用自动全站仪单站、双站自由设站三维坐标法和单站、双站独立坐标测线法等围岩变形量测的理论和方法，推导出围岩变形监测的全站仪自由设站坐标转换数学模型，并将其用在北京东直门地铁隧道施工围岩变形监测中，观测中误差为 0.4mm。熊飞等[22]在凤凰关隧道中采用全站仪三角高程法测量隧道拱顶下沉及地表沉降，使用尼康 DTM352C 型全站仪的实测精度高于±1.0mm。曾京等[23]推导了三角高程法免棱镜全站仪测量拱顶下沉的精度，提出用测量数据 2 次求差来减小仪器误差带来的影响，以提高洞内测量的速度和精度；

在南京九华山隧道使用拓普康3002型全站仪的实测精度为±（2～3）mm。这些研究为全站仪进行隧道周边收敛和拱顶下沉监测奠定了理论基础，但在实际工作中，全站仪的测量精度远低于理论精度。

近年来，还出现了一些新的测量方法，马莉和朱永全[24]采用无固定测站式近景摄影测量方法，使用凤凰205型普通相机进行地铁隧道的摄影收敛测量，与实际值的偏差为1～12mm。Li[25]建立了低分辨率数码摄影系统，并分析了数码摄影系统的误差来源。Satoru等[26]和Miura等[27]在地铁隧道里应用摄影测量方法进行了隧道围岩变形监测。刘大刚[28]提出了标定摄影法，并在理论推导中首次考虑了相机镜头畸形的影响。王国辉等[29]研究了一种普通相机无固定测站的近景摄影测量方法，使用海鸥300型相机监测模拟断面试验的三维精度为±2mm。这些研究推动了近景摄影在隧道监测中的应用，但由于其操作难度大、数据处理复杂、精度暂时不能满足围岩变形监测的要求，所以尚未推广使用。

光纤传感器的研发几乎与光纤通信技术发展同步，Inaudi等[30-31]将光纤传感器广泛应用于桥梁、隧道、大坝、锚杆、核电站等类型的结构监测中，在长达九年的监测中，验证了光纤传感器的高存活率和耐久性能。MacPherson等[32]将多通道光纤传感器安装于固定在隧道混凝土衬砌断面的简支梁上，用来测量混凝土管片环的相对变形，精度高达±0.1mm。Metje等[33]将光纤光栅传感器布设在工字钢上来模拟隧道的纵向变形，在1∶5模型试验中测量钻机工作时混凝土管片环的转动，并在台架试验中进行系统校准和精度评估。施斌等[34]运用基于布里渊散射光时域反射监测技术（Brillouin optical time domain reflectometer，BOTDR）的隧道应变系统来监测隧道混凝土衬砌的表面变形，并以南京市鼓楼隧道健康诊断为例，介绍了该技术应用于隧道变形监测的方案，讨论了隧道内温差和振动等环境因素对监测结果的影响。吴钰骅等[35]讨论了BOTDR长距离光纤传感技术在地铁隧道结构健康监测中的应用，采用外包混凝土模型模拟隧道结构，检验了长距离光纤传感系统的应变检测性能。魏广庆等[36]对光纤布拉格光栅（fiber Bragg grating，FBG）在隧道施工监测中的封装保护、温度补偿及系统集成问题提出了解决方法和思路，通过合适的封装和保护，可以大幅提高埋入式FBG传感器的成活率，实现在隧道开挖期间对喷射混凝土的拱架内力、混凝土应变与温度的实时监测。孙新民等[37]将FBG传感器应用于围岩内部位移的监测，并在西华岭隧道中成功应用。由于光纤传感器价格高昂，且多用于衬砌混凝土或钢拱架的应变监测，尚未应用到隧道周边收敛和拱顶下沉的监测中。

三维激光扫描技术又称为实景复制技术，它突破了传统的单点测量方法，具有高效率、高精度的独特优势。Levoy和Hanrahan[38]提出了4D光场二维切片的无深度信息和特征匹配的自由相机场景渲染，Levoy等[39]结合激光三角测距仪、激光飞行时间测距仪、数码相机，以及软件系统获取、调整、拼接、显示扫描数据，从而建立三维模型的相关技术。El-Hakim 等[40-41]用激光扫描仪和电荷耦合器件（charge coupled device，CCD）相机组成数据采集装置形成了三维模型创建系统，使用交互式和自动化技术在不同层次的细节上非常详细地呈现结构或场景，并利用基于图像的基本构件、基本元素和激光扫描来呈现高细节和雕刻表面。Stamos 和 Allen[42-43]建立了在同一时间内获得扫描对象的深度信息和彩色信息，绘制逼真三维模型的完整三维扫描系统。Winkelbach 等[44]实现了一种用简单的商业手持激光扫描器和标准的灰度相机组成的低成本桌面式三维激光扫描仪系统。李健等[45]基于点云法向量差异的点云分割对点云数据进行精简、建模，并应用于天津地铁一号线的隧道变形监测中，与光纤位移计的测量结果相差在±4mm 以内。毕俊等[46]和谢雄耀等[47]将三维激光扫描技术应用于地铁隧道管片的收敛监测中，利用隧道三维建模算法得到的变形与全站仪的测量结果相差在±2mm 以内。但三维激光扫描技术尚未在隧道周边收敛和拱顶下沉监测中得到推广与应用。

激光测距仪具有测距快、体积小、性能可靠等优点，随着激光测距技术的发展，国内申请了多个基于激光测距原理的隧道收敛位移测量装置专利[48-51]。肖国峰等[52]研制了一种激光测距仪的固定式安装装置，施测精度可达±0.7mm，实现了隧道周边收敛的非接触测量。

由于接触式量测方法测量隧道周边收敛和拱顶下沉的劳动强度大、效率低，而且测量时影响隧道的正常施工，特别是当隧道的净空高度大于 6m 时，采用钢卷尺收敛计和水准仪测量还存在挂尺困难的问题。全站仪的操作要求高，免棱镜测量的精度受限制，以及测点坐标变化换算得到收敛值时的误差传递，难以满足隧道施工变形监测的精度要求。因此，工程上迫切需要一种测量精度高、操作简单的测量仪器和方法。

1.3　基坑位移监测技术研究现状

基坑监测伴随着深基坑工程发展而来，20 世纪 60 年代，在挪威首都奥斯陆和墨西哥首都墨西哥城的软黏土深基坑工程中首次运用监测设备，在施工过程中对基坑进行了较为系统的监测。20 世纪 90 年代国外就出现了监测数据电脑采集系统，实现了监测自动化，我国的深基坑全方位监测于 20 世纪 90 年代才起步[53]。经过几十年的发展，国内也形成了较为完善的基坑监测规范和系统。

对于不同等级的基坑工程，《建筑基坑工程监测技术标准》（GB 50497—2019）[54]对监测项目、监测仪器、监测方法、监测精度、监测频率、监测报警值等做出了明确的规定。目前，基坑顶部水平位移的监测仪器有经纬仪和全站仪。熊春宝等[55]介绍了基坑水平位移监测的四种方法：轴线法、小角度法、极坐标法和前方交会法。刘宝俊[56]介绍了一种不用精确对中的测站设置方法——随机测站观测法，不设置固定的测站标志，不需要仪器精确对中，而由随机测站测得的边角观测值计算出仪器设置中心与基准线的偏离距离。王源等[57]研究了一种基于导线测量原理的简易方法，只需设站一次，先测出站点的坐标，再由支导线法测定位移变形观测点的坐标，两期坐标差即为水平位移。寇刚和姚连璧[58]介绍了一种用测小角法改进的适合于困难条件下基坑水平位移的监测方法，该方法的观测中误差为±1.9mm，达到二等水平位移监测精度要求。胡园园等[59]通过对深基坑水平位移监测方法进行分析和比较得出，测小角法与其他方法相比，具有计算简单、操作方便、监测精度较高的优点，是目前运用较广泛的一种方法。

基坑围护结构深层水平的监测仪器为各类型测斜仪。熊国文和张启岳[60]分析了影响测斜仪精度的各种因素，包括测斜仪的率定、零漂与蠕变，以及温度变化等，并对这些因素对测量结果的影响进行了试验研究。黄克辉[61]通过间接观测探讨了伺服加速度计式测斜仪的观测数据误差分析统计检验方法。黄毅等[62]分析了地下连续墙测斜的影响因素。解仲明和涂帆[63]分析了测斜仪在基坑变形监测中的可靠性。此外，詹显军等[64]基于激光测距技术，结合高精度对准装置、目标靶，将激光测距仪用于地铁基坑施工时的顶部水平位移监测。

由于监测基坑顶部水平位移的经纬仪轴线法、小角度法对场地要求较高，监测基点需选为距离基坑不远处的不动点，当距离较长时，从经纬仪读取钢尺读数的精度较低；全站仪坐标变化法测量精度也不高，其测量过程烦琐、测量成本高，对监测人员的专业技能要求高。以上监测方法都需要两人及两人以上才能实施。监测围护结构深层水平位移的测斜仪方法需提前埋设测斜管，其安装过程烦琐、成本高。因此，研究一种简单便捷的测量基坑顶部水平位移和围护结构深层水平位移的方法对基坑工程的变形监测工作具有非常重要的意义。

1.4 隧道洞口边仰坡地表位移监测技术研究现状

张正禄等[65]使用徕卡 TCA1800 测量机器人对三峡工程库区巴东滑坡进行了监测试验，指出了用测量机器人监测三峡库区典型滑坡的可行性及广阔的应用前景。刘小生和罗任秀[66]研究建立了由计算机控制的带伺服电机驱动的电子全站仪边坡工程变形自动监测系统，富崇彦和张立昌[67]使用电子全站仪和反光三棱镜组成了边坡位移监测系统。在数字近景摄影测量方面，王秀美等[68]建立了一个滑坡监测数字化近景摄影测量系统，李宁[69]提出了基于数字摄影和图像分析的边坡监测预报系统。

全球定位系统（global positioning system，GPS）的相位观测值精度可达到毫米级，被广泛用于监测地表变形。许斌等[70]用 GPS 技术进行了天荒坪电站水库坝区的监测网试验，过静珺等[71]以雅安峡口滑坡为例进行了 GPS 滑坡监测，徐绍铨等[72]利用 GPS 进行了三峡库区滑坡监测。随着遥感技术的发展，遥感已被用来监测地表变形，张振德和何宇华[73]利用遥感技术进行了长江三峡库区大型地质灾害调查，Sun 等[74]利用遥感技术对三峡库区移民工程土地利用和景观格局变化进行了监测。

高大边坡的地表变形较大，使用全站仪和 GPS 可以满足监测精度的要求，同时具有较好的监测工作效率。对于隧道洞口边仰坡、路堑边坡等尺寸较小的边坡，其稳定性对工程安全至关重要，但由于变形较小，使用全站仪和 GPS 很难满足监测精度的要求。因此，需要研究一种测量精度较高，同时操作简单的方法来监测隧道洞口边仰坡和路堑边坡的变形。

1.5　主要内容介绍

激光测距方法是一种非接触式量测方法，具有测量精度高、抗干扰能力强、操作简单、不受昼夜限制的优点。手持式激光测距仪虽然已被广泛应用于工业测控、矿山和港口测绘、房屋丈量等领域，但尚未广泛应用于岩土与地下工程的变形监测。根据岩土与地下工程变形监测的需要，自主开发和设计智能激光收敛仪及其附属配件，编写监测数据处理程序，开展激光收敛仪监测隧道周边收敛和拱顶下沉、基坑顶部水平位移、围护结构深层水平位移、隧道洞口边仰坡地表位移、沉井壁位移、基坑周边地下水位及钢支撑轴力的原理与方法研究，并通过理论分析、室内试验和现场测试等手段对激光收敛仪的监测精度和影响因素进行分析。具体包括如下内容。

1. 智能激光收敛仪监测系统的开发

基于相位式激光测距原理，开发了激光收敛仪主机，结合地下工程变形监测的需要，对主机的面板控制功能进行了开发。为了保证激光收敛仪主机的测量精度，设计了与之配套的对准调节装置和角度可调节的反光片。

2. 激光收敛仪监测隧道周边收敛和拱顶下沉

研究激光收敛仪监测隧道周边收敛和拱顶下沉的原理与测量方法，根据拱顶下沉的计算公式，从理论上推导分析拱顶下沉的测量中误差。通过室内试验、现场重复性测量试验、现场对比监测试验，评估和分析了激光收敛仪监测隧道周边收敛和拱顶下沉的精度及影响因素。利用 C++语言编写数据处理程序，以实现监测数据的快速处理和监测报表的自动生成。

通过隧道周边收敛可以计算得到拱顶下沉，实现了隧道周边收敛和拱顶下沉的同时监测。激光收敛仪避免了收敛计和水准仪监测时烦琐的安装、挂尺过程，不会影响隧道施工时卡车出渣、台车行走等正常施工作业。通过理论推导、室内试验和现场测试等手段评估激光收敛仪的测量精度，分析激光收敛仪测量精度的影响因素。

3. 激光收敛仪监测基坑围护结构变形

研究激光收敛仪监测基坑顶部水平位移、围护结构深层水平位移的原理与测量方法；通过室内试验和现场测试，评估和分析激光收敛仪监测基坑顶部水平位移、围护结构深层水平位移的精度和影响因素。

4. 激光收敛仪监测隧道洞口边仰坡地表位移

研究激光收敛仪监测隧道洞口边仰坡地表位移的原理与测量方法，推导出用激光收敛仪监测隧道洞口边仰坡地表位移的计算公式。通过室内重复性测量试验、室内位移测量试验，评估和分析激光收敛仪监测隧道洞口边仰坡地表位移的精度和影响因素，分析激光收敛仪监测隧道洞口边仰坡地表位移方法的可行性。

5. 激光收敛仪监测沉井施工过程井壁位移

研究激光收敛仪监测沉井施工过程中井壁单点水平位移和竖向沉降，以及井壁不均匀水平位移和竖向沉降的原理与测量方法，推导出用激光收敛仪监测沉井结构单个测点水平位移和竖向沉降的计算公式，以及不均匀水平位移和竖向沉降的计算公式。

6. 激光收敛仪监测地下水位及钢支撑轴力

研究激光收敛仪监测基坑周边地下水位及钢支撑轴力的原理与测量方法，实现了一种结构简单、安装方便、精度高、成本低且易于推广应用的监测基坑地下水位的装置和方法，同时解决了传统钢支撑轴力监测方法容易产生偏差而影响测量精度的弊端，有效提高了测量结果的准确性。

第 2 章　智能激光收敛仪监测系统开发

2.1　激光测距技术及其发展历史

激光测距仪是利用激光对目标的距离进行准确测定的仪器，工作时向目标发射一束很细的激光，由光电器件接收被目标发射回的激光信号，计时器测定激光束从发射到接收的时间，从而计算出从激光测距仪到目标的距离。

1960 年，美国休斯飞机公司的物理学家梅曼（Maiman）研制成功世界上第一台激光器；1961 年，第一台军用激光测距仪通过美国军方论证试验；1971 年第一批激光测距仪正式装备美国陆军部队并投入战场使用，标志着激光测距仪进入了实用阶段[75]。至 2008 年，激光测距仪发展到第三代，第一代激光测距仪采用发射 0.6943μm 红外红宝石激光器和光电倍增探测器，其效率低、耗电多、体积大、质量重，第二代激光测距仪采用发射 1.06μm 近红外钕激光器和硅光电或硅雪崩光电二极管探测器，比第一代效率高、耗电少、体积小、质量轻；第三代激光测距仪为对人眼安全的激光测距仪，已研制工作波长为 1.54μm 的铒玻璃激光器和波长为 10.6μm 的 CO_2 激光器，但具有目标发射率低、激光易被湿气吸收、体积大、质量重、成本高等缺点[76]。目前，采用飞秒激光器的新型激光测距技术受到越来越多关注，与具备短脉宽、高重复频率、宽光谱等优势的光学频率梳结合，可实现远测程、高精度的绝对测距，但该技术发展尚未成熟，存在造价极高且系统体积庞大等不足[77-78]。

激光测距仪最早应用于军事领域，如卫星、飞机、坦克、舰艇和导弹等对目标距离的测定。随着激光技术与电子信息技术的发展，激光测距仪也逐渐应用到民用领域，如各类型手持式激光测距仪广泛应用于工业测控、矿山和港口测绘、房屋丈量、装修测量等；望远镜式激光测距仪应用于野外建筑和环境勘察、野外长距离测量、户外运动等。

1992 年，瑞士徕卡公司研制成功世界上第一台手持式激光测距仪。目前，手持式激光测距仪主要针对工业及民业用途开发，具有测量精度高（可以达到 ±1.0mm）、测量距离远（一般为 0.05～200m）、测距快（一般小于 0.4s）、体积小、性能可靠等优点。

几种手持式激光测距仪的技术性能对比见表 2-1[79]。

表 2-1　几种手持式激光测距仪的技术性能对比

项目	徕卡	博世	喜利得	麦哲伦	大有	科力达
仪器型号	DISTO S910	GLM250 VF	DP-E	LMD300	LM80	PD-610
产地	瑞士	德国	德国	美国	中国	中国
最高精度/mm	±1.0	±1.0	±1.0	±3.0	±2.0	±2.0
测程/m	0.05～300.00	0.05～250.00	0.05～200.00	0.05～200.00	0.1～80.00	0.05～100.00
存储数据	50 组以上	支持	30 组	无	50 组	99 组
测量功能	单次、连续	单次、连续	单次、连续	单次	单次、连续	单次、连续
计算功能	面积、体积、角度、勾股定理等	面积、体积、梯形	面积、体积、勾股定理、加减	面积、体积	面积、体积、勾股定理	面积、体积、勾股定理、加减
功能优势	蓝牙、Wi-Fi、USB 三种传输方式；点对点功能；智能面积、智能角度测量，坐标数据测量；DXF 数据存储；测量数据在线传输	多功能固定尾件；望远镜取景窗等	内置望远镜、间接测量、数字水准	延时测量	水平气泡；单位转换	水平气泡；单位转换；应对墙角测量等多种测量情景

注：表格中测程为无辅助反射板测程。

现有手持式激光测距仪的测量精度已经达到±1.0mm，测程为 0.05～200m，还具有操作简单的特点和较为丰富的计算功能，但这些仪器在测量时不能进行监测项目、监测断面、监测点的设置和编辑，存储的数据仅有距离测量结果且存储量太少。此外，现有的手持式激光测距仪缺乏数据传输接口和外接的测量控制接口，更缺乏与之搭配使用的精确对准调节装置和反光片，很难应用于地下工程变形监测工作。

国内申请了多个基于激光测距原理的隧道收敛位移的测量装置，结合现有的手持式激光测距仪进行地下工程变形监测，但都未得到应用和推广，如隧道收敛激光监测系统（申请号：201120156612.1）[48]、一种激光式收敛计装置（申请号：201110208659.2）[50]、一种地下工程岩体位移激光测量装置（申请号：201210269947.3）[51]等。因为这些装置有些具有较为复杂的结构或较大的尺寸，激光收敛计在整个监测周期内都固定在隧道壁面，且仅能在微小范围内进行调节；另一些虽能拆卸和进行较大范围的调节，但缺乏精确的调节装置对准目标点，从而影响测量精度。

因此，需要结合岩土与地下工程变形监测的实际需求，充分发挥激光测距技术精度高、操作简单、抗干扰能力强的优点，设计和开发适用于岩土与地下工程变形监测的智能激光收敛仪监测系统，使激光收敛仪可以进行监测项目、监测断面、监测点的编辑，并具有测量精度高、操作简单、安装拆卸简捷的优点。为了提高监测数据的处理效率，须进一步开发可自动生成监测数据报表和变形-时间曲线的后处理软件。

2.2 激光收敛仪主机开发

2.2.1 常规的激光测距技术

激光测距技术是一种自动的非接触式测量技术，与一般光学测距技术相比，激光测距技术具有操作简单、不受昼夜时间限制的优点；同时，激光测距技术还具有测量精度高、抗干扰能力强等优点。

激光测距技术按照测程分为绝对距离测量和微位移测量；按照测距方法分为三角法激光测距、干涉法激光测距、脉冲式激光测距、相位式激光测距和调频连续波法激光测距，前两种属于微位移测量，后三种属于绝对距离测量[80]。

1. 三角法激光测距

三角法激光测距要求激光光源、目标物、激光接收系统三点构成一个三角形光路，激光器发射的激光经汇聚透镜聚焦后入射到目标物表面上发生散射，激光接收系统接收到散射光后经过接收透镜垂直地照射到光电位置探测器上，通过光点在成像面上的位移来测量目标物表面的移动距离。

三角法激光测距具有结构简单、测试速度快、使用灵活方便等优点[79]。但三角法激光测距系统接收的是待测目标表面的散射光，对器件灵敏度要求很高。三角法激光测距主要应用于微位移测量，测量范围主要在微米、毫米、厘米的数量级。

2. 干涉法激光测距

干涉法激光测距分为多波长干涉测量和调频干涉测量两类，多波长干涉测量技术的基本原理是小数重合法及根据其发展的合成波长理论[81]。两束不同频率的单色光波外差干涉，根据干涉测量原理可知：

$$L=(N+\varepsilon)\frac{\lambda}{2} \tag{2-1}$$

式中，L——被测长度；

N——被测长度内的整数级次；

ε——被测长度内的小数级次；

λ——波长。

干涉仪只能测量小数级次距离，整数级次距离根据粗测值通过计算得到。只要上一级测量的不确定度小于下一级合成波长的四分之一，即可沿合成波长链向下逐级精化。对于波长为 λ 的光，其最大可确定距离仅为 $\lambda/2$，限制了其测量范围，因此通常采用合成波长的理论。如果两列波的波长分别为 λ_1 和 λ_2 且相差很小，则合成波长为 λ_s，如式（2-2）所示，合成波长大于其中任何一个波长，从而扩大了测量范围。为了进一步扩大测量范围，格罗特（Groot）基于合成波长的思想，提出一种可提高确定距离的算法[82]，在合成波长链不变的情况下，可使确定距离提高 N_s 倍，N_s 计算方法如下：

$$\lambda_s = \frac{\lambda_1 \lambda_2}{\lambda_1 + \lambda_2} \tag{2-2}$$

$$N_s = \operatorname{int}\left[\frac{1}{\dfrac{\lambda_s}{\lambda} - \operatorname{int}\left(\dfrac{\lambda_s}{\lambda}\right)}\right] \tag{2-3}$$

调频激光干涉测量的基本原理是通过改变激光器的发射光的频率来实现干涉测量。一般是利用输出激光光频随时间变化的激光器作为光源，以迈克尔逊干涉仪作为基本的干涉测量光路，根据参考光和测量光经过的光程的不同产生频差信息，提取信号经过处理就可得到两束光的距离信息，实现绝对距离的测量。

干涉法激光测距灵敏度非常高，能够达到微米数量级，测量范围较小，与三角法激光测距一样，只适用于微位移测量。但其测量精度容易受到环境影响，且需要稳定的精密导轨，从而限制了干涉法激光测距的使用范围。

3. 脉冲式激光测距

脉冲式激光测距技术在测绘领域中的应用最早，其工作原理与普通脉冲式雷达相同，即利用被测物体对脉冲激光的漫反射信号在被测距离上的往返时间来测距[83]，按照式（2-4）求得待测距离：

$$D = \frac{1}{2}Ct \tag{2-4}$$

式中，D——待测距离；

C——光速，一般取 C=3.0×10^8m/s；

t——激光脉冲在被测距离上的往返时间。

脉冲式激光测距仪具有结构简单、功耗低、测量距离远的优点。由于光速很快，脉冲信号、控制信号的计时误差、计时振荡频率的高低将直接影响脉冲式激光测距的精度。空气温度、湿度、气压、粉尘雾霾浓度等也会影响脉冲式激光测距的精度。因此，脉冲式激光测距法主要用于测程为千米级的长远距离测量，测距精度一般为米级。

4. 相位式激光测距

相位式激光测距仪的原理是利用一正弦信号对激光束进行幅度连续调制，测定调制光往返测线一次所产生的相位延迟，根据调制光的波长换算出相位延迟所代表的距离，即使用间接方法测定出激光往返测线所需的时间（图 2-1）[84]。

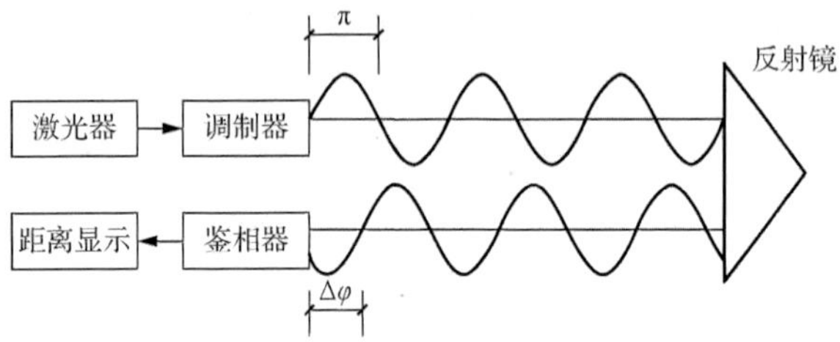

图 2-1　相位式激光测距原理示意图

如果激光以速度 C 在空气中往返 A、B 两点一次所需的时间为 t，则 A、B 两点间的距离 D 可用式（2-4）表示。若调制光角频率为 ω，在待测量距离 D 上往返一次产生的相位延迟为 φ，则时间 t 为

$$t=\frac{\varphi}{\omega} \tag{2-5}$$

将式（2-5）代入式（2-4）可得

$$D=\frac{1}{2}Ct=\frac{1}{2}C\cdot\frac{\varphi}{\omega}=\frac{C}{4\pi f}(N\pi+\Delta\varphi)=\frac{C}{4f}(N+\Delta N) \tag{2-6}$$

式中，φ——激光信号往返测距一次产生的总相位延迟；

ω——调制信号的角频率，$\omega=2\pi f$；

N——测距包含的调制半波长个数；

$\Delta\varphi$——信号往返测距一次产生的相位延迟不足 π 的部分；

ΔN——测距所包含的调制波中不足半波长的尾数部分，$\Delta N=\frac{\varphi}{\omega}$。

相位式激光测距平衡了测量距离与测量精度的矛盾，使其既有较远的测量距离，又保证了较高的测量精度。相位式激光测距一般应用在精密测距中，其测量精度一般为毫米级。

5. 调频连续波法激光测距

调频连续波法激光测距的原理是发射频率线性变化的激光，经被测物反射，再回到接收器，将回波信号与发射信号进行混频和滤波，得到差频信号，通过测量差频信号的频率，计算出被测距离[85]。

调频连续波法激光测距具有分辨力高、辐射功率小、无距离盲区、可同时进行距离和速度的测量、设备相对简单等优点。但是这种方法受发射信号的频率稳定度和线性度的影响很大，即使采取各种高补偿方法，压控振荡器（voltage controlled oscillator，VCO）的线性度达到 $2\times10^{-4}D$（D 为测程，单位为 km）也是很困难的；在实际应用环境中，各种噪声同样影响其测量精度；理论上最大测距范围是由发射信号的调制周期决定的，但由于信噪比的限制，测距范围均在 100m 以下。因此，调频连续波法激光测距不适合大范围、高精度测距。

2.2.2　激光收敛仪主机硬件开发

激光测距方法决定了距离测量的精度和量程，选择合适的激光测距方法是设计激光收敛仪的基础。根据地下工程变形监测的测量精度和量程要求，参考现有的手持式激光测距仪的技术性能参数，激光收敛仪的开发测量精度设定为 ±1.0mm，分辨率为 0.1mm，测量量程为 0.05～60m，并选择相位式激光测距为激光收敛仪的测距方法。

根据激光收敛仪的系统设计，硬件部分由信号发射模块、信号接收放大模块、信号传输及处理模块、通信及电源模块等部分组成。激光收敛仪具体包括激光测距传感器、单片机（microcontroller unit，MCU）、显示屏、按键、锂电池电源、存储卡、蓝牙、数据接口和蜂鸣器等。激光收敛仪的总体设计方案如图 2-2 所示。

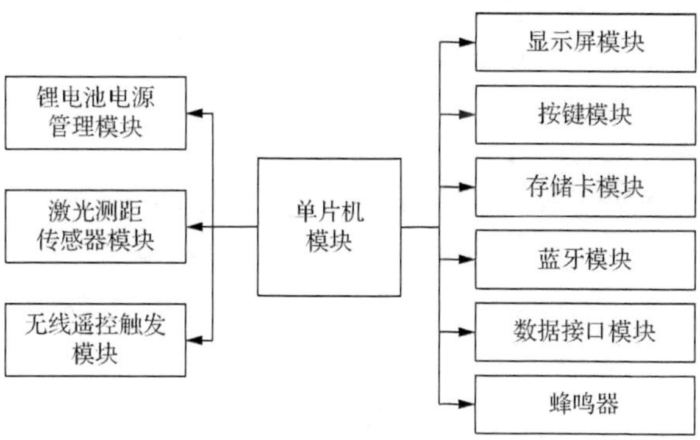

图 2-2　激光收敛仪的总体设计方案

1）激光测距传感器

选择合适的高精度激光测距传感器是设计激光收敛仪的关键。激光测距传感器由激光信号的发生模块、激光信号调制与解调模块、激光信号接收放大模块组成。

（1）激光器按照工作介质可分为固体激光器、气体激光器、液体激光器和半导体激光器。半导体激光器是目前最实用的一类激光器，体积小、寿命长，采用注入电流的方式来泵浦其工作电压和电流与集成电路兼容，可与单片机集成，还可用高达吉赫的频率直接进行电流调制以获得高速调制的激光输出。鉴于这些优点，半导体激光器在测距和雷达等方面获得了广泛的应用。因此，激光收敛仪选用半导体激光器作为激光信号的产生、调制与发射装置，其工作电压为3.0～3.6V，工作电流为30～50mA，产生波长为635nm的红色激光，频率为4.76×10^{14}MHz，输出功率约为5.0MW。

（2）相位式激光测距仪采用双高频多测尺原理，需要激光器提供高性能、高准确度的频率信号。目前，常用的频率生成主要采用锁相环（phase locked loop，PLL）技术。锁相环技术具有高频率、宽频、频谱质量好等优点，但其频率转换速度低。通过锁相环技术，可以使激光器产生两个稳定高频的主振信号和本振信号，用于激光信号的发射和信号调制。

（3）激光信号的接收放大模块主要由光电探测器、滤波电路和放大电路组成。激光信号经反光片或目标物漫反射、在介质中传输时衰减，在被激光测距传感器接收到时已非常微弱，使用微弱的激光信号进行相位调制非常困难。因此，需要对激光信号进行增强放大。

常用的光电探测器有光电倍增管、光敏二极管及雪崩二极管等。雪崩二极管具有超低信号噪声、信号传输速度高、高互阻抗增益等优点，广泛应用于激光测距仪；同时，雪崩二极管内部具有增益电路，可以将接收到的激光信号放大，得到稳定的激光信号用于相位调制。

自动增益控制（automatic gain control，AGC）电路是一种输出限幅装置，根据输入信号电压的大小利用线性放大和压缩放大的有效组合自动地调节放大器的增益，从而扩大接收的范围。

滤波器选用声表面波滤波器（surface acoustic wave，SAW）。它是一款应用电路简单的无源滤波器件，具有体积小、质量轻、性能可靠等优点。使用声表面波滤波器，有利于提高电路的稳定性和降低电子噪声，同时也有利于接收部分的小型化和集成化。

激光收敛仪选用市场上已有的高精度激光测距传感器。激光测距传感器技术性能参数如表2-2所示。

表2-2　激光测距传感器技术性能参数

参数名称	参数值
测量范围/m	0.05～60.00
测量精度/mm	±1.0
分辨率/mm	0.1
激光等级	2类激光
波长/nm	635

续表

参数名称	参数值
工作电压/V	3.0～3.6
工作电流/mA	30～50
激光头功率/mW	5.0
激光头使用寿命/h	>2000
工作温度/℃	−10～60
存储温度/℃	−20～70

2）单片机

单片机是激光收敛仪的核心控制单元，承担着激光器的驱动电路、信号发射与接收的控制、信号处理和运算功能；利用数字测相算法进行相位检测，完成距离测量数据的运算与处理；控制显示屏显示操作界面、测量数据的存储和传输、按键信号控制及其他功能。选择单片机时对其运算处理能力、存储容量及速度、I/O 端口分配、数据接口等都有要求。

STM32 系列单片机是意法半导体集团推出的主流的单片机，基于专为要求高性能、低成本、低功耗的嵌入式应用设计的内核 ARM Cortex-0，工作电压为 3.0～3.6V，完成指令的最小反应时间为 0.04μs，最大随机存储器容量为 64KB，最大只读存储器容量为 512KB，并支持内存扩展应用，能够满足大多数功能要求。因此，激光收敛仪选用 STM32 系列单片机。

3）显示屏

激光收敛仪采用了 2.4in（1in=2.54cm）的彩色液晶显示屏用于界面显示，外形尺寸为 42.72mm×60.26mm×2.6mm，可视面积为 38.32mm×50.56mm，显示色彩为 65K，分辨率为 240×320，工作电压为 3.3V，使用寿命大于 100000h。

4）按键

为保证激光收敛仪的测量精度，避免直接的按键测量导致仪器轻微扰动而产生测量误差，激光收敛仪配置了专用的无线遥控触发按钮。当激光收敛仪的激光束对准目标点后，触发无线遥控按钮，激光收敛仪便完成测量工作，并根据设定的存储模式进行测量数据的存储。

除此之外，激光收敛仪还设置了物理操作按键，主要包括开关键、测距键、修改键、菜单键、确定键、+键、−键、左右功能键、延时/蓝牙功能键、前后端测量基面设置键。

5）锂电池电源

为了给激光测距传感器和单片机提供稳定的电压和更加持久的续航能力，激光收敛仪选用了锂电池作为电源模块。锂电池能够为激光收敛仪提供更加稳定的电压以减少电压变化对测距精度的影响，提供更大的电池容量以满足长时间测量的需要，同时避免了传统手持式激光测距仪器采用 AAA 电池供电的限制和电池遗弃对环境的影响。选用的锂电池输入电压为 4.5～5.5V，输出电压为 3.0～3.6V，容量为 2000mAh，可以满足 5000 次以上的充放电循环。

6）存储卡

为了解决现有手持式激光测距设备数据存量小的问题，满足地下工程变形监测时需要存储较多监测数据的需求，激光收敛仪配置了高容量的存储卡，可以存储 4000 条以上的测量数据；同时，针对目前时常发生的监测数据更改或造假的现象，激光收敛仪设有时钟和监测数据加密功能，能够对监测数据进行加密处理，以保证监测数据的真实性。

7）蓝牙和 RS485 接口

为了方便将激光收敛仪的测量数据导入计算机或其他设备，激光收敛仪配置了蓝牙 2.0 数据传输接口用于连接计算机和手机，RS485 数据传输接口用于连接计算机，实现了监测数据的有线和无线传输。蓝牙是一种标准的无线通信协议，可实现固定设备、移动设备和楼宇个人域网之间的短距离数据交换。蓝牙可连接多个设备，克服了数据不能同步传输的难题。RS485 数据传输接口是一种基于串口的通信接口，采用差分信号负逻辑，具有接口简单、传输速率快、抗干扰能力强、组网方便、传输距离远等特点，因而在工业控制场合得到广泛应用。但由于 RS485 数据接口需要专用的串口通信软件，在传输数据时需要调制计算机端通信串口，因此，激光收敛仪后期改进拟采用 USB 数据接口连接计算机。

8）其他

激光收敛仪设置了前后端测量基面按键，可以选择从仪器顶部端面和仪器底部端面作为激光收敛仪测量时的距离起算基准面；也可以通过仪器的“常数设置”命令，将激光收敛仪测量时的距离起算基准面设置为仪器的中心部位。激光收敛仪设置了测量蜂鸣器，当激光收敛仪正在进行距离测量时可以提醒使用者避免扰动仪器，以保证距离测量的准确性。

激光收敛仪除了可以应用于地下工程变形监测外，还可以代替普通的手持式激光测距仪用于距离的测量。在工业测控、矿山和港口测绘、房屋丈量、装修测量等工作中需要激光测距仪具有角度测量功能，因此，激光收敛仪内置电子气泡，其测量范围为-50°～50°，测量精度为 0.2°，能够较为精确地测量倾斜角度。

开发出的激光收敛仪样机采用发黑铝合金外壳，在外壳左侧预留了与对准调节装置连接的螺孔。激光收敛仪的使用环境为隧道工程、基坑工程、隧道洞口边仰坡工程的施工现场，所处的环境具有湿度大、粉尘严重等特点，甚至会有滴水等情况。为了保证激光收敛仪内部传感器和电路板的使用寿命，外壳尽量采用整块铝合金加工制作而成，在螺孔及其他外壳接缝处设置了密封胶。激光收敛仪的主机外观如图 2-3 所示，总体技术性能参数如表 2-3 所示。

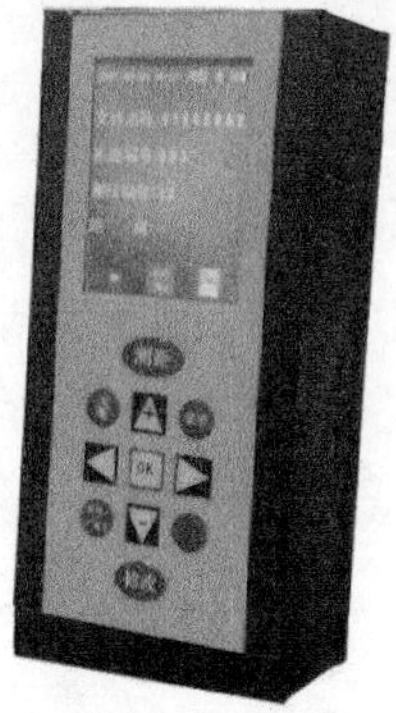

图 2-3　激光收敛仪的主机外观

表 2-3　激光收敛仪技术性能参数

模块分类	类别	参数		
		最小	典型	最大
锂电池电源	输入电压/V	4.5	5.0	5.5
	电池电压/V	3.0	3.3	3.6
	电池容量/mAh	2000		
	充放电次数/次	>5000		
激光测距传感器	测量范围/m	0.05～60.00		
	测量精度/mm	±1.0		
	分辨率/mm	0.1		
	激光等级	2 类激光		
	波长/nm	635		
	电流输入/mA	30～50		
	激光头功率/mW	5.0		
	激光头使用寿命/h	>2000		
单片机	类型	STM32		
	内核架构	ARM Cortex-0		
	功耗/mA	36		
电子气泡	测量范围/（°）	−50～50		
	测量精度/（°）	0.2		
	分辨率/（°）	0.1		
数据存储容量/条		4000		
外部接口		RS485/充电接口/无线遥控触发器接口		
数据传输		Bluetooth2.0/RS485		
工作温度/℃		−10～60		
存储温度/℃		−20～70		
防护等级		IP65		
功耗/W		0.9		

2.2.3 激光收敛仪主机面板功能开发

根据地下工程变形监测的实际需要，需要对激光收敛仪主机的面板进行功能开发，使激光收敛仪能够记录和区分不同项目的不同测线，选择不同的数据传输方式，以及方便测量者及时掌握测线变形发展情况。激光收敛仪主机面板具体包括编辑、管理、测量、传输、计算、电子气泡、设置等基本功能。

1. 编辑功能

在进行地下工程变形监测时，数据的记录和存储需要区分不同的监测项目、监测断面和监测点，因此，激光收敛仪设置了编辑功能。在测量前，允许通过编辑功能来设置项目名称、断面编号、测线编号等工作，以便区分存储的测线量测结果，方便后处理软件对监测数据进行自动处理（图 2-4）。

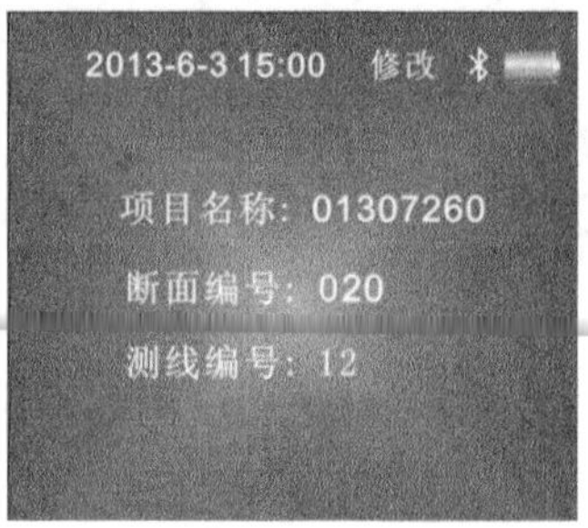

图 2-4　编辑功能

在实际使用中，单击激光收敛仪的“修改”按钮，进入编辑功能。通过设置“项目名称”的第 1 位来区分不同的监测工程项目；设置“项目名称”的第 2 位至第 7 位（年月日）来区分不同的监测时间；设置“项目名称”的末位来区分同一天的不同测次。通过设置“断面编号”区分不同的监测断面，断面编号范围为 001～999，每个断面编号都需要手动编辑修改。通过设置“测线编号”区分不同的测线，测线编号范围为 01～99，每次测量完成后，测线编号自动比上一次编号增大一位，同时也可以手动编辑修改。完成项目名称、断面编号、测线编号后单击“OK”按钮，完成修改。

为了方便测量者掌握当前的测量距离，打开激光收敛仪的测量按钮后，激光收敛仪的显示屏上会实时显示当前的测量距离（图 2-5），测量单位为“m”。显示屏最底部一排的显示信息分别表示：当前测量基面为仪器顶部端面，延迟测量时间为 0s，测量数据保存模式为自动保存。

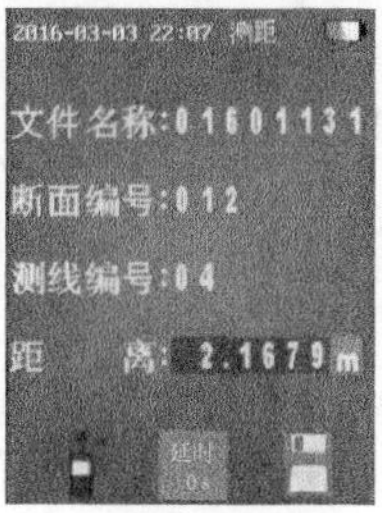

图 2-5　测量时显示界面

2. 管理功能

完成测量后，需要查看测量数据，或者删除数据文件。测量数据文件的管理功能允许查看每条测线的测量结果，选中想要查看项目的测量数据文件，单击“OK 键”按钮即可查看。使用者可以通过单击“菜单键”按钮删除数据文件，为了避免误删重要的测量数据文件，可以单击“修改键”按钮将其设置为初始文件，删除初始文件时会弹出对话框，提醒使用者确认是否删除；同时，管理功能界面（图 2-6）还可以显示当前激光收敛仪存储容量的使用情况，以提醒使用者及时导出测量数据，并删除测量数据文件，释放出足够的容量存储新的测量数据。

图 2-6　管理功能

3. 无线遥控测量功能

为了保证激光收敛仪的测量精度，避免监测时直接按键测量导致仪器轻微扰动而产生测量误差，激光收敛仪配置了专用的无线遥控触发按钮。当调节对准调节装置使激光收敛仪的激光束对准目标点后，触发无线遥控按钮，激光收敛仪自动完成测线距离的量测和数据存储。

4. 数据传输功能

为了方便将主机内储存的多达 4000 条监测数据传输到手机或计算机，使用数据后处理软件完成监测数据的处理，及时地反馈监测结果，激光收敛仪开发了 RS485 数据接口用于连接计算机，以及使用蓝牙 2.0 数据接口连接计算机和手机（图 2-7）。这样，无论隧道施工场地有多偏僻，均可以通过移动互联网将数据直接传输给数据处理和分析的技术人员或公司总部，从而可以大幅提高监测反馈的速度和效率。

针对目前时常发生的监测数据更改或造假的现象，为了保证监测数据的真实性，激光收敛仪在存储和传输监测数据时对监测数据设置了加密算法，原始数据仅能使用配套的后处理软件进行读取和处理。此外，每个监测数据都标记有详细的编号、测量时间，使得伪造数据的时间成本大于实际的测量时间，从而避免数据造假。

图 2-7　数据传输功能

5. 计算功能

对于变形不稳定的监测断面，为了及时了解和掌握地下工程的变形发展状态，需要在监测现场立即得到测线的变形数据。因此，激光收敛仪开发了计算功能。在地下工程变形监测现场即时调用该测线的前一次监测数据计算该测线的收敛变形增量［图 2-8（a)］，以及调用该测线的第一次监测数据（初始读数）计算该测线的收敛累计变形量［图 2-8（b)］。主机的测线量测分辨率为 0.1mm，通过即时计算可以随时了解监测结果的正确性，根据测线的变形增量和收敛累计变形量来判断地下工程的安全状况，以便及时采取对策。

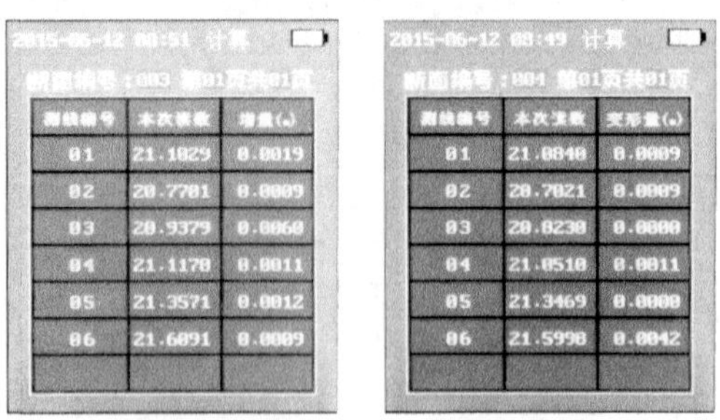

（a）收敛变形增量计算　（b）收敛累计变形量计算

图 2-8　计算功能

6. 电子气泡功能

当进行特殊位置测量，需要激光收敛仪处于水平或特定的倾斜状态时，可以使用激光收敛仪内置的电子气泡进行较为精确的仪器角度调整和确定。打开电子气泡，显示屏上会实时显示当前激光收敛仪在 x、y 方向的倾角，方便使用者调整激光收敛仪的位置（图 2-9）。除此之外，还可以使用激光测距仪的电子气泡进行角度测量，其测量范围为−50°～50°，测量精度为 0.2°，能够较为精确地测量倾斜角度。

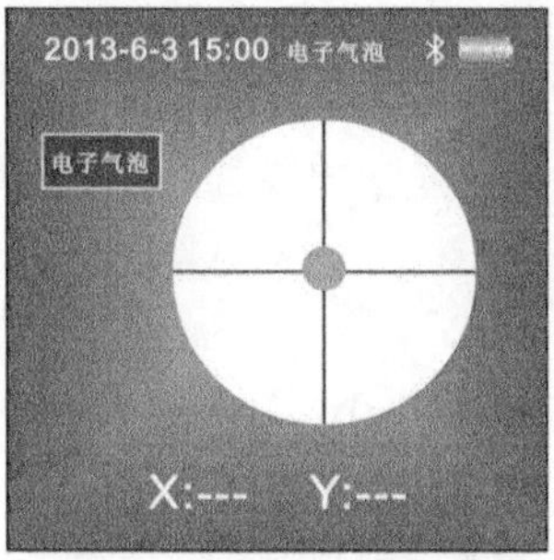

图 2-9　电子气泡功能

7. 设置功能

根据不同的测量要求，通常需要对仪器进行一些基本的设置（图 2-10）。例如，单击“恢复出厂”按钮，可以将激光收敛仪恢复到出厂时初始内存和设置模式。单击“蜂鸣设置”按钮，可以选择打开或关闭测量时的蜂鸣提醒声音。单击“时间设置”按钮，可以对激光收敛仪的日期和时间进行设置和调整。单击“常数设置”按钮，可以调整激光收敛仪在测线距离测量时附加到距离量测结果上的常数，设置前需要输入密码，以防止测量常数被随意修改。单击“测量模式”按钮，可以设定测量数据的保存模式（自动保存、手动保存或不保存）。单击“背光照明”按钮，可以调整屏幕背景灯光的开启状态（一直开启或在设定的背光时间后自动锁屏）。单击“延时设置”按钮，可以设定触发外接无线遥控触发按钮后激光测距传感器的延迟测量时间，激光收敛仪的每次测量在设定的延迟测量时间后进行。

图 2-10　设置功能

2.3 对准调节装置与反光片设计

使用激光收敛仪进行测量工作时，为了保证其测线测量的精度，需要激光束精确地对准目标点。因此，需要设计一套结构简单、安装方便快捷、调节时可精确对准目标点的对准调节装置与激光收敛仪搭配使用，以达到精确测量的目的。此外，激光收敛仪在使用时应尽量使激光束与反光片垂直，当激光束与反光片角度不垂直时，激光束稍微偏离反光片中心将引起较大的测量误差，需要一种角度可调节的反光片以保证激光束与反光片垂直，确保激光收敛仪的测量精度。

2.3.1 对准调节装置设计

激光收敛仪的对准调节装置（图 2-11～图 2-15），由转换连接部件、回转调节部件、俯仰调节部件组成。对准调节装置设有两个转轴，可以实现激光收敛仪绕俯仰轴、回转轴进行 360° 调节，同时具有锁死粗调、微调的功能，确保激光测距仪能够精确对准前方半平面空间内的任一目标点。

对准调节装置底部设有转换母头，与安装在固定螺栓上的转换公头匹配，以实现对准调节装置方便快捷的安装和拆卸。另外，固定螺栓为埋设在隧道围岩壁上的 M10 膨胀螺栓，上接与对准调节装置匹配的转换公头。

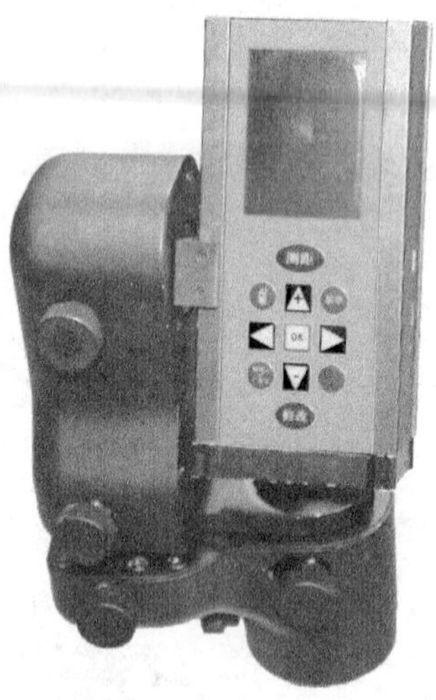

图 2-11　激光收敛仪及其对准调节装置

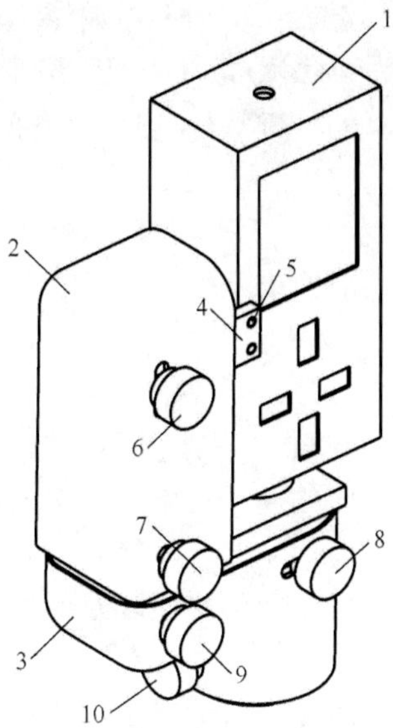

图 2-12　对准调节装置外观三维图

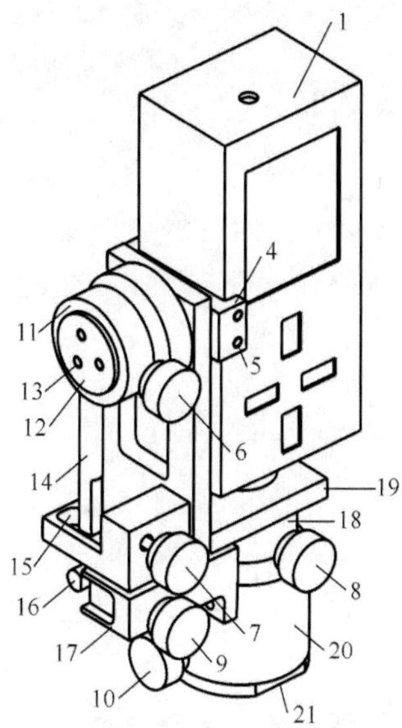

图 2-13　对准调节装置内部结构三维图

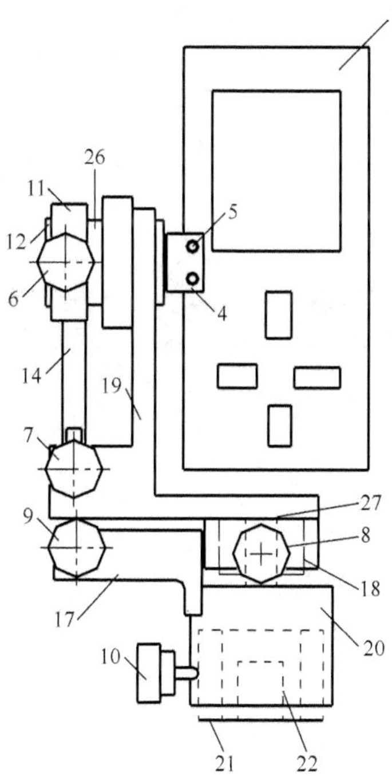

图 2-14　对准调节装置正视图

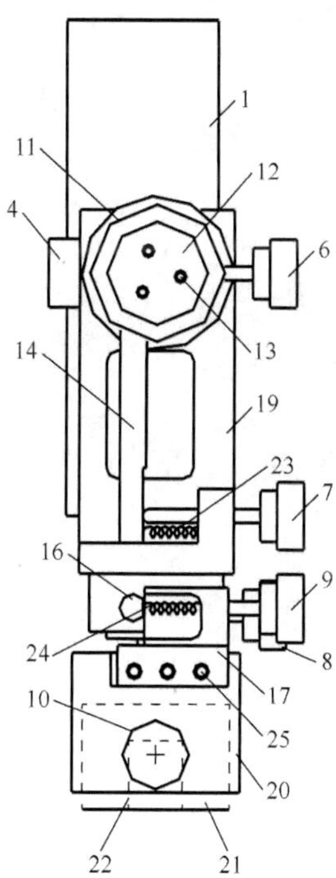

图 2-15　对准调节装置左视图

图 2-12～图 2-15 中的数字编号分别为：1. 激光收敛仪；2. 俯仰架外壳；3. 回

转架外壳；4．夹具；5．夹具螺母；6．俯仰粗调锁死螺母；7．俯仰微调螺母；8．回转粗调锁死螺母；9．回转微调螺母；10．转换接头锁死螺母；11．俯仰微调轴套；12．俯仰微调转接套；13．转接套固定螺母；14．俯仰微调杆；15．俯仰微调限位槽；16．回转微调杆；17．回转微调限位槽；18．回转轴转接套；19．俯仰架；20．转接公头；21．转接母头；22．洞壁预埋螺栓接口；23．俯仰微调复位弹簧；24．回转微调复位弹簧；25．回转微调限位槽固定螺母；26．俯仰轴；27．回转轴。

对准调节装置具有以下优点。

（1）对准调节装置能够围绕回转轴、俯仰轴进行 360° 旋转，并具有锁死粗调、微调的功能，能够精确地对准装置前方半平面空间内的任一目标点，保证测量的精确度。

（2）对准调节装置底部采用快接插头，安装、拆卸方便快捷，有利于提高测量效率。

（3）对准调节装置采用铝合金制作，强度高、质量轻、体积小、成本低、携带方便，便于推广使用。

2.3.2　反光片设计

为保证测量时激光收敛仪的激光束垂直于反光片，需要设计与之相适应的反光片，这就要求反光片在安装时能够调节其角度。

激光收敛仪的反光片包括单页反光片和合页反光片两种。单页反光片适用于激光束与目标面垂直，不需要调节反光片角度的情况；合页反光片适用于安装在需要调节反光片的部位。

单页反光片（图 2-16）外观为矩形，在一侧预留孔用于安装 M8 膨胀螺栓。具体安装使用时，用电锤在待安装部位成孔，安装 M8 膨胀螺栓，插入单页反光片，调整好单页反光片位置后拧紧螺母，完成安装。

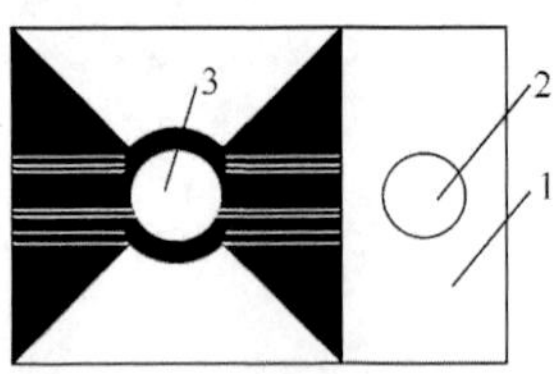

1—反光片；2—反光片固定孔；3—目标点。

图 2-16　单页反光片

合页反光片（图 2-17）包括反光片合页、固定杆、固定螺母和目标点四个部分。安装合页反光片时，先使用电锤在待安装部位成孔，安装 M8 膨胀螺栓，通过合页反光片固定杆中部的预留孔将固定杆安装到预埋的 M8 膨胀螺栓上，将反光片合页插入固定杆，调整好反光片合页的角度后拧紧固定螺母，从而保证激光束基本垂直于反光片。

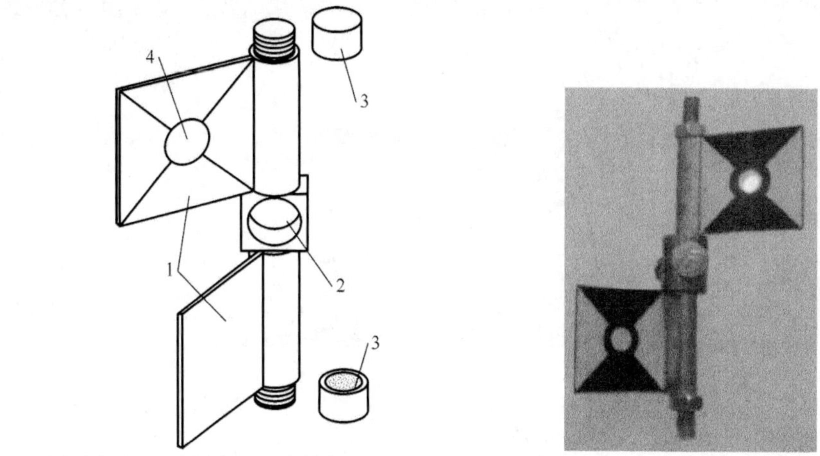

1—反光片合页；2—固定杆；3—固定螺母；4—目标点。

（a）示意图　　（b）实物图

图 2-17　合页反光片

合页采用厚度为 1mm 的硬质铁片制作而成，可以保证反光片能够稳固地安装于膨胀螺栓上，在轻微碰撞时不会发生变形。

进行地下工程变形监测时，非接触量测方法常采用自贴式反光膜片代替棱镜，使用时粘贴反光膜片作为监测点标志。虽然现有的自贴式反光膜片能够反射回很强的激光信号［图 2-18（a）］，但难以判别激光束是否对准反光片的中心，因此，设计了更适合于激光收敛仪的反光膜片［图 2-18（b）］。激光收敛仪的反光膜片采用黑白相间的颜色，中心白色的部位直径 8mm，外接内径 8mm、外径 12mm 的黑色圆环。

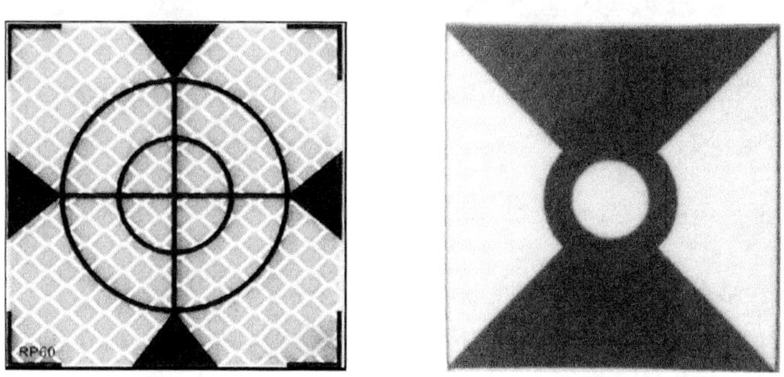

（a）现有的自贴式反光膜片　　（b）激光收敛仪的反光膜片

图 2-18　反光膜片

为了使激光束更加容易地对准反光片的中心部位，需要使激光束照射在反光膜片两种底色上时有明显的视觉色差，试验时选用了常见的八种颜色作为反光膜片的底色（图 2-19）。试验结果表明，使用黑白相间的底色时，激光反射信号的色差对比最明显，最有利于激光束对准反光片的中心部位。

彩图 2-19

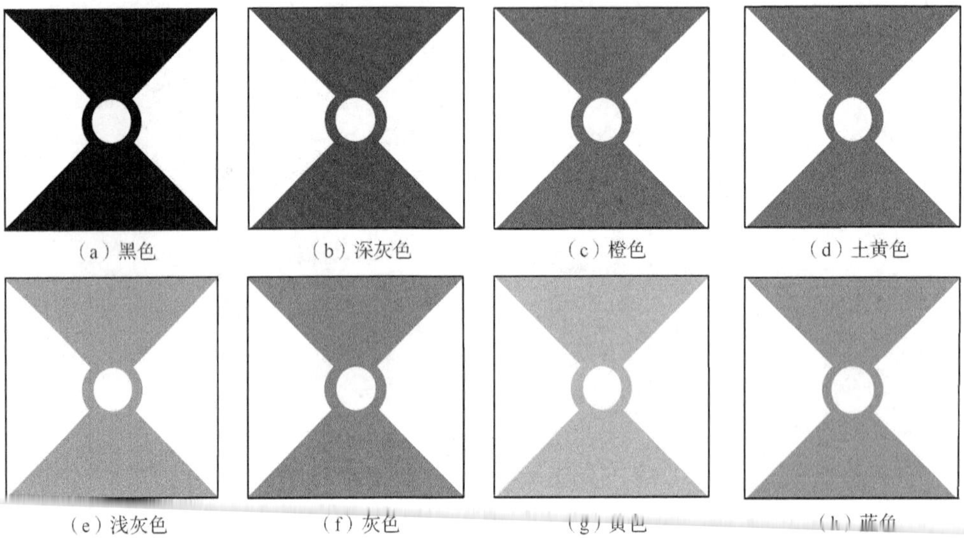

图 2-19　激光收敛仪反射膜片底色对比

2.4　数据处理软件开发

采用人工方式处理大量的监测数据不仅工作量大、处理效率低，而且容易出现错误；同时因数据处理时间较长而不能及时对岩土与地下工程的稳定和安全进行预警反馈。为了提高激光收敛仪监测数据的处理效率，将进一步开发与岩土及地下工程相匹配的数据处理软件。目前已开发了一款与隧道周边收敛和拱顶下沉监测相配套的后处理数据软件 TunnelDataMgr（隧道测量数据处理软件）。

2.4.1　TunnelDataMgr 软件功能要求

TunnelDataMgr 数据处理软件的使用对象为激光收敛仪的用户。软件的主要功能是处理激光收敛仪监测隧道周边收敛和拱顶下沉的测量数据，计算隧道周边收敛和拱顶下沉结果，根据数据处理结果绘制时间-变形曲线，以及生成指定格式的报表。由此，进行 TunnelDataMgr 数据处理软件功能设计，须满足以下功能要求。

（1）隧道工程基本信息输入：项目名称、合同段、公路等级、施工单位、监测单位。

（2）工程管理：新建监测工程、打开监测工程、最近监测工程、删除监测工程、退出、帮助。

（3）数据导入和数据处理功能，能根据具体情况选择对应的施工方法。

（4）可以绘制周边收敛和拱顶下沉的时间-变形曲线，以及生成固定格式的周边收敛和拱顶下沉的监测报表。

（5）可以指定监测数据的存储位置，以及提供软件使用指南。

2.4.2 TunnelDataMgr 软件开发及使用

TunnelDataMgr 数据处理软件在 Visual Studio 2008 软件开发平台上采用 Microsoft Visual C++程序语言编写。TunnelDataMgr 软件的初始界面如图 2-20 所示。

图 2-20 TunnelDataMgr 软件的初始界面

TunnelDataMgr 数据处理软件的菜单栏包含“工程”“数据”“系统”“帮助”四部分。

（1）“工程”菜单主要用于工程项目的管理，包括“新建监测工程”“打开监测工程”“最近打开的工程”“保存”“删除现有项目”“退出软件”等选项（图 2-21）。

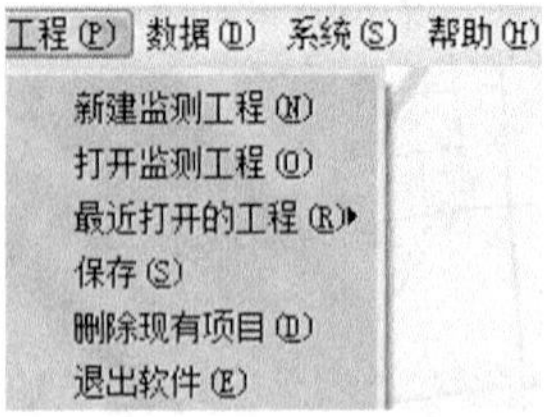

图 2-21　“工程”菜单的选项

选择“新建监测工程”命令，在打开的“工程基本信息”对话框中可以设置工程的基本内容，如项目名称、合同段、公路等级、施工单位、监测单位（图 2-22）。

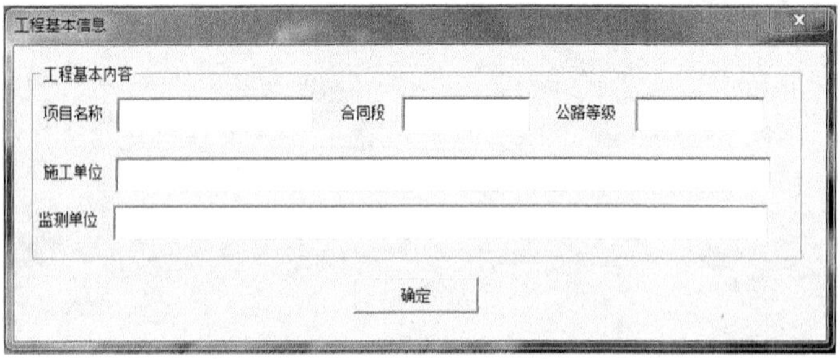

图 2-22　“工程基本信息”对话框

（2）“数据”菜单用于测量数据的导入和处理。导入数据时如果有新的监测断面增加，可以在弹出的“数据设置”对话框中增加新的监测断面（图 2-23），单击对话框中左下方的“设置施工方法”按钮，可在弹出的“施工方法选择”对话框中选择对应的施工方法（图 2-24）。

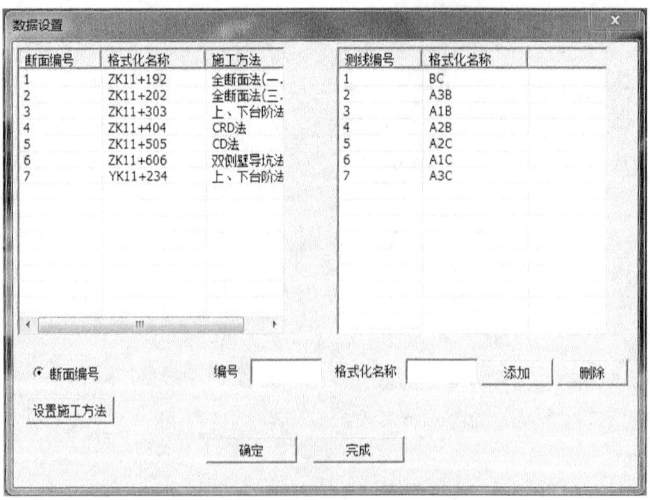

图 2-23　“数据设置”对话框

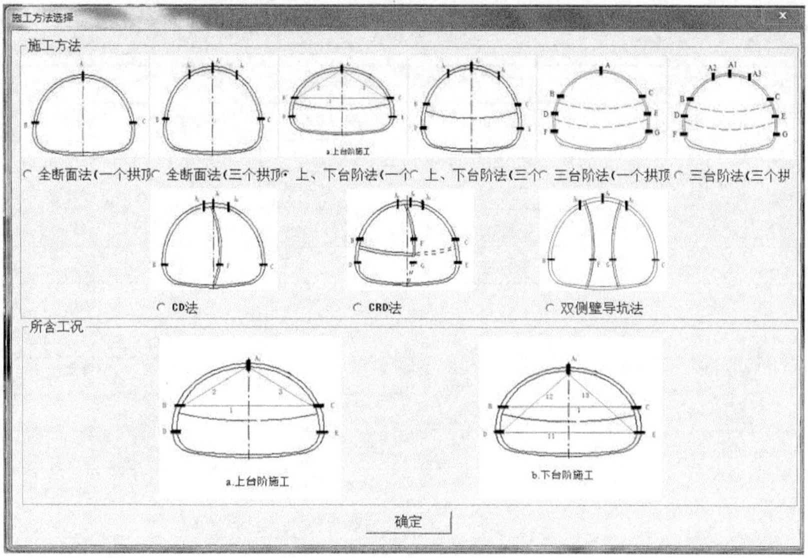

图 2-24　“施工方法选择”对话框

导入监测数据后，选择“数据”菜单下的“数据计算”命令，打开相应工程项目的数据计算对话框，根据需求添加脚点的高程值，单击“计算”按钮进行数据处理（图 2-25）。

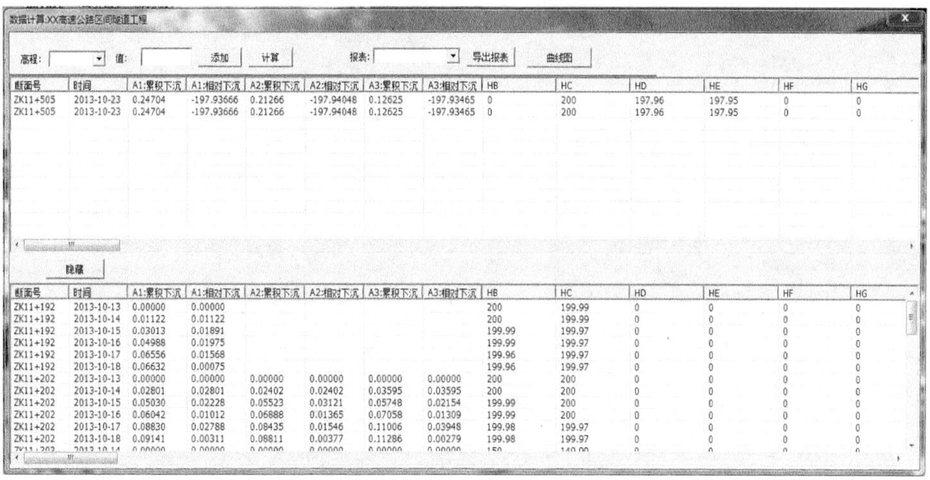

图 2-25　数据计算对话框

数据处理完成后，在数据计算对话框中的“报表”下拉菜单下选择周边收敛或者拱顶下沉，单击“导出报表”按钮，选择所需的监测断面，生成监测报表(表 2-4)；或者单击“曲线图”按钮绘制时间-变形曲线图(图 2-26)。TunnelDataMgr 数据处理软件输出报表和曲线图见附录 A。

表 2-4　TunnelDataMgr 生成的拱顶下沉监测报表（样表）

项目名称					合同段				公路等级	
施工单位					监测单位					
断面桩号	监测点	埋设日期（年月日）	量测时间（时分）	与开挖面距离（m）	测点高程（m）	累计下沉值（mm）	相对下沉值（mm）	间隔时间（d）	下沉速率（mm/d）	备注
自检意见						监测意见				
测量		复核		技术负责人		项目负责人			测量日期	

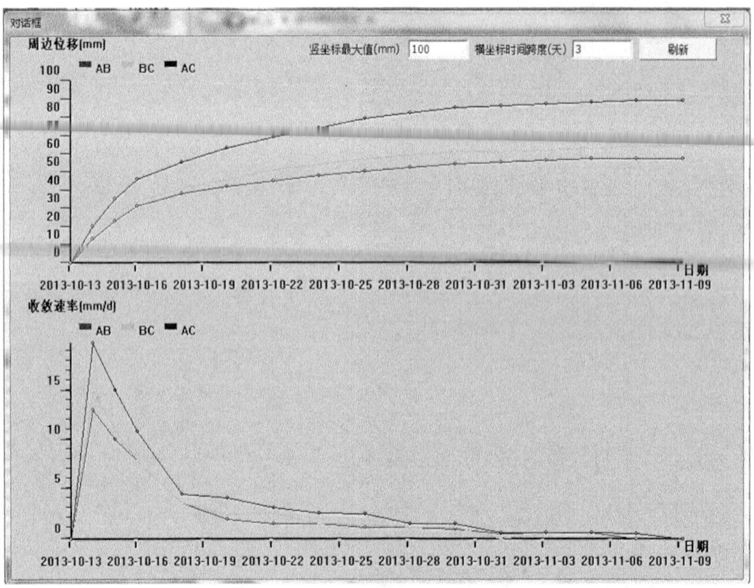

图 2-26　时间-变形曲线图（样图）

（3）“系统”菜单用于设置监测数据的存储位置。初次使用 TunnelDataMgr 数据处理软件时，选择“系统”菜单中的“系统”命令，进行工程存储路径的设置，将 TunnelDataMgr 数据处理软件文件夹中 project 文件夹的路径复制到“工程默认位置”中，如图 2-27 和图 2-28 所示。

（4）“帮助”菜单包含软件使用帮助文档和软件版本信息等内容。

图 2-27　软件文件夹中 project 文件夹的路径

图 2-28　设置工程存储路径

2.5　激光收敛仪的测量精度

2.5.1　激光收敛仪主机的精度检定

为了分析激光收敛仪主机的测距精度，参考国家计量检定规程《手持式激光测距仪检定规程》（JJG 966—2010），在华东国家计量测试中心使用 100m 的长度基线对主机的测距精度进行了检定，检定结果如表 2-5 所示。

表 2-5 的检定结果表明，在测距 36m 以内时，主机与标准长度基线的差值不大于±1.0mm，表明激光收敛仪在 36m 内的精度可以达到±1.0mm。实际工程中的隧道开挖跨度很少大于 30m，因此，激光收敛仪主机可以满足隧道监测的精度要求。

表 2-5 激光收敛仪主机测距精度检定结果

序号	标准值/m	仪器示值/m	差值/mm	序号	标准值/m	仪器示值/m	差值/mm
1	2.999	2.998	−1	8	23.988	23.989	1
2	5.999	6.000	1	9	27.002	27.003	1
3	8.997	8.997	0	10	30.002	30.003	1
4	11.992	11.991	−1	11	32.993	32.992	−1
5	15.005	15.005	0	12	36.012	36.012	0
6	17.995	17.994	−1	13	38.997	38.995	−2
7	20.986	20.986	0	14	41.999	41.997	−2

2.5.2 激光收敛仪的测距误差来源

对某一物理量进行多次观测时，无论采用的仪器多精密、观测多仔细，各观测值之间仍存在差异，这种差异就是测量中存在的误差。测量误差产生的原因包括仪器误差、观测者的原因和外界条件的影响等。

仪器误差主要是由于仪器构造上的缺陷和精度的限制，使观测值含有误差。观测者的原因主要是观测者感觉器官的鉴别能力有一定的局限性，导致在仪器的安置、估读小数、照准目标等方面都会产生一定的误差。外界条件的影响主要是指温度变化、风力、大气透明度和大气折光等对观测值的影响。任何测量实践都离不开上述三方面的客观条件（统称观测条件），因此测量误差的产生是不可避免的[86]。按测量误差对测量结果影响性质的不同，可将测量误差分为粗差、系统误差和偶然误差三类[87]。

激光收敛仪采用相位式激光测距原理，相位式激光测距的误差可分为两部分：一部分是与距离无关的固定误差，即测相误差、加常数等；一部分是与距离相关的比例误差，即光速传播误差、大气折射误差、频率误差等[88]。此外，由于固定信号的串扰而产生的周期误差，以及激光束对中误差和操作过程中反光片偏斜产生的误差，都对测距精度有不可忽视的影响。

1. 真空中光速值产生的误差

真空中的光速值决定了调制频率的选择，国际大地测量与地球物理联合会第十六届大会中建议使用的真空光速值为 299792458±1.2m/s，相对误差近似为 4×10^{-9}。由于真空中光速值不准确引起的测距相对误差也近似为 4×10^{-9}，测量精度远远高于目前的测距精度要求，因此，这一误差可以忽略不计[89]。

2. 频率误差

作为测尺的调制光，其精度首先由调制信号源的频率精度和稳定度保证。频率误差所引起的距离误差随测程的增大而增大。

调制信号的稳定度包含双重含义，即稳定的工作状态和稳定的工作频率，稳定的工作状态是稳定的工作频率的前提。如果产生调制信号的振荡放大器存在振荡自激，或系统的某一部分由于工作状态不当，或元件的质量不良、供电电压不稳，都会引起调制频率的突变，使信号源达不到短期稳定的要求。要实现调制频率的稳定，必须消除系统由于自激所产生的寄生振荡，并对放大电路的制作工艺、元件选择及供电技术指标提出严格的要求[90]。

3. 信号的机内传递误差

测距信号在机内传递过程中，由于同频干扰、波形失真、状态不稳定等因素产生的附加相移误差，总称为信号的机内误差。在相位式激光测距仪中，距离以调制波的相位表示，理想状态下的相位 φ 只是待测距离的函数。然而信号以光或者电的形式在机内传递，都将产生相位延迟。相位延迟的任何突变都会导致测距误差，其误差主要有以下四个方面[84]。

1）调制器相位不均匀误差

在相位式激光测距仪中，被调制的光束相对于某一点，以一定的初相角 φ_0 按调制频率 ω 向空间传播。如果将一束光看成由许多小的光束组成，可以发现，由于调制器材料和制作工艺等方面的原因，调制光各小光束的初相角不完全相同。在测距过程中接收镜所接收的光通常只是发射光束的一部分，对光精度、大气湍流、仪器受外力产生的微动等因素引起的光束抖动，都会使反射到接收系统的部分光束有所改变。光斑各部位的调制相位不相同引起测量误差。

2）非线性失真误差

信号在机内传递过程中，光学元件、电学元件的非线性工作状态也会产生非线性失真，并由此导致测距信号的相位变化。

3）同频干扰误差

如果外界或仪器的某个单元产生的干扰信号与测距信号的频率相同，那么由于干扰信号的存在，被测的信号将是测距信号与干扰信号的矢量和。这样，被测信号不仅幅值有别于测距信号，而且产生了相移，形成同频干扰误差，消除同频干扰误差主要从寻找干扰源入手。

4）电子渡越时间的离散性误差

进行光电转换时，电子运动状态易受到一些因素的影响而产生渡越时间的改变，造成电子渡越时间的离散。电子通过光电二极管时会产生相位延迟，该相位延迟的大小是由光电子行程、光电二极管的偏置电压和调制频率决定的。所以，相位延迟的误差就与调制频率的稳定度、偏置电压以及电子行程有关。

电子渡越时间变化产生的相移，随加速电压而改变，电压越高，相移越小。

因此，提供给光电二极管倍增管的偏置电压必须有稳压措施。

4. 数字测相系统误差

测相就是通过电路或者算法实现对两路信号的相位差进行鉴别的方法，在数字测相过程中，被测信号不可避免地受到各种干扰，使得被测信号幅度改变，在零时间前后抖动，从而产生测量误差。这种形式的干扰或噪声是随机的，在一次测量中相位差可能增加，在另一次测量中相位差又可能减少。采用多次测量求取平均值的方法可以减小这种随机误差。

5. 大气折射率误差

由于大气本身结构的不均匀性、地面覆盖物的不同、地势高低以及风速大小的影响，光程通过的各点温度、气压、湿度都不会完全相同，使得各点的大气折射率不同而影响测距精度[91]。

2.5.3 激光束与反光片夹角对测量精度的影响

通常精密测距需要全反射棱镜配合，而在短距离测量时，反射光的信号强度足够大，工程中采用薄塑料板作为反射面以解决漫反射严重的问题。使用激光收敛仪进行距离测量时，为保证测距的精度，应尽量保证激光束与反光片垂直，否则会因激光束对准目标点偏离产生较大的测距误差，以及由于返回信号过于微弱而影响测线距离的量测精度。

用激光收敛仪进行测量时，需要将激光束对准反光片的中心点 O。但人眼的观测偏差，以及对准调节装置的调节精度限制，使激光束无法每次精确对准反光片的中心点 O，由此产生测量误差。如图 2-29 所示，当激光束与反光片垂直时，激光束在反光片的中心法线上，测线量测误差仅与目标点的对准偏差值相关。当激光束与反光片有夹角时，测线量测误差不仅与目标点的对准偏差值相关，还与目标点的对准偏差方向相关。

过反光片中心点 O 作相互垂直的辅助线 AB、CD，反光片可以用 AB、CD 的相交平面表示，假设测线的精确长度为 r，对准偏差为 δ。当激光束与反光片垂直时，测线的量测误差为 $\varDelta$，如式（2-7）所示；当激光束与反光片有夹角 β 时，假设 β 沿 AB（或 CD）方向上偏离时，激光束垂直于 CD（或 AB），除了沿 AB 方向的对准偏差影响外，还有夹角 β 的影响，测线的量测误差为 $\varDelta'$，如式（2-8）所示，激光束与反光片有夹角 β 的误差 $\varDelta'$ 大于激光束与反光片垂直的误差 $\varDelta$。当夹角 β 的方向在 AB、CD 之间时，同样可以在反光片面内作出两条过中心点 O 且相互垂直的辅助线，转化为上述情况。

$$\varDelta=\sqrt{r^2+\delta^2}-r \tag{2-7}$$

$$\Delta' = \sqrt{r^2 + \delta^2 - 2r \cdot \delta \cdot \cos\left(\beta + \frac{\pi}{2}\right)} - r \tag{2-8}$$

式中，δ——对准偏差；

r——测线的精确长度；

β——激光束与反光片的夹角；

Δ——测线的量测误差；

Δ'——考虑夹角 β 的影响时测线的量测误差。

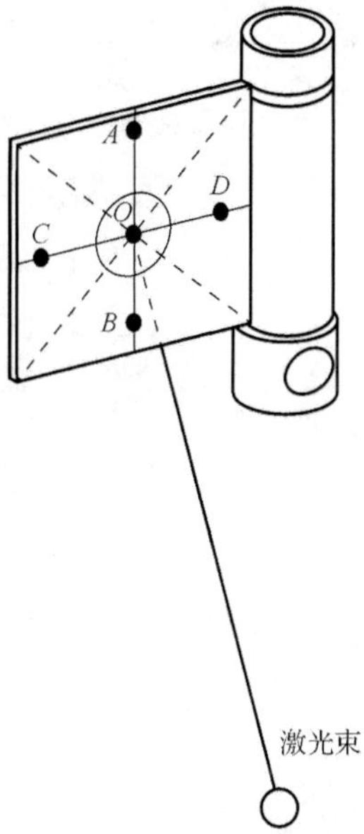

图 2-29　激光束对准反光片示意图

为分析激光束与反光片夹角对测线量测精度的影响，取激光束与反光片的夹角为 90°、85°、80°、75°，激光束沿夹角方向的对准偏差为 1mm、5mm、10mm、20mm、30mm 时对测线理论长度的影响如表 2-6～表 2-9 所示。

表 2-6　激光束与反光片夹角为 90°（垂直）　　（单位：mm）

目标点偏离距离	测线理论长度									
	9.0m	12.0m	15.0m	18.0m	15.0m	18.0m	21.0m	24.0m	27.0m	30.0m
30	0.07	0.05	0.04	0.03	0.02	0.02	0.02	0.02	0.01	0.07
20	0.03	0.02	0.02	0.01	0.01	0.01	0.01	0.01	0.01	0.03
10	0.01	0.01	0.00	0.00	0.00	0.00	0.00	0.00	0.00	0.01
5	0.00	0.00	0.00	0.00	0.00	0.00	0.00	0.00	0.00	0.00
1	0.00	0.00	0.00	0.00	0.00	0.00	0.00	0.00	0.00	0.00

表 2-7 激光束与反光片夹角为 85° （单位：mm）

目标点偏离距离	测线理论长度									
	9.0m	12.0m	15.0m	18.0m	15.0m	18.0m	21.0m	24.0m	27.0m	30.0m
30	2.54	2.57	2.58	2.58	2.59	2.59	2.60	2.6	2.60	2.54
20	1.71	1.72	1.73	1.73	1.73	1.73	1.73	1.74	1.74	1.71
10	0.86	0.87	0.87	0.87	0.87	0.87	0.87	0.87	0.87	0.86
5	0.43	0.43	0.43	0.43	0.44	0.44	0.44	0.44	0.44	0.43
1	0.43	0.43	0.43	0.43	0.44	0.44	0.44	0.44	0.44	0.43

表 2-8 激光束与反光片夹角为 80° （单位：mm）

目标点偏离距离	测线理论长度									
	9.0m	12.0m	15.0m	18.0m	15.0m	18.0m	21.0m	24.0m	27.0m	30.0m
30	5.14	5.16	5.17	5.18	5.19	5.19	5.19	5.19	5.19	5.14
20	3.44	3.45	3.46	3.46	3.46	3.46	3.46	3.47	3.47	3.44
10	1.73	1.73	1.73	1.73	1.73	1.73	1.73	1.73	1.73	1.73
5	0.87	0.87	0.87	0.87	0.87	0.87	0.87	0.87	0.87	0.87
1	0.87	0.87	0.87	0.87	0.87	0.87	0.87	0.87	0.87	0.87

表 2-9 激光束与反光片夹角为 75° （单位：mm）

目标点偏离距离	测线理论长度									
	9.0m	12.0m	15.0m	18.0m	15.0m	18.0m	21.0m	24.0m	27.0m	30.0m
30	7.69	7.72	7.73	7.74	7.74	7.74	7.75	7.75	7.75	7.69
20	5.15	5.16	5.16	5.16	5.17	5.17	5.17	5.17	5.17	5.15
10	2.58	2.58	2.58	2.59	2.59	2.59	2.59	2.59	2.59	2.58
5	1.29	1.29	1.29	1.29	1.29	1.29	1.29	1.29	1.29	1.29
1	1.29	1.29	1.29	1.29	1.29	1.29	1.29	1.29	1.29	1.29

从表 2-6～表 2-9 可以得出，测线理论长度随着对准目标点偏差的增大而增大，随着激光束与反光片夹角的减小而增大。当激光束与反光片的夹角为 90°（即垂直）、激光束对准目标点偏差为 30mm 时，9.0m 长测线的误差仅为 0.07mm；当激光束与反光片的夹角为 80°、激光束对准目标点偏差为 5mm 时，9.0m 长测线的误差已经为 0.87mm；当激光束与反光片的夹角小于 80° 时，激光束对准目标点偏差为 5mm 时，测线长度的误差便大于 1mm，此时的误差已经大于激光收敛仪 ±1.0mm 的测距精度指标。

由此说明，激光束与反光片的夹角对测量结果的影响非常显著，也进一步说明开发角度可调节的合页反光片的重要性。在实际的测量工作中，应尽可能地保持激光束与反光片垂直，从而获得较高的测量精度。

第3章 智能激光收敛仪监测隧道周边收敛和拱顶下沉

3.1 隧道周边收敛和拱顶下沉监测方法简介

隧道的开挖改变了围岩的受力状态，围岩应力将重新分布，直观表现为围岩和支护结构的变形。通过对隧道周边收敛和拱顶下沉进行监测，可以直观明确地判断围岩和支护结构的稳定性，以保证隧道在施工及运营期间的安全，同时也为隧道的信息化设计和施工提供依据[92-94]。

《岩土锚杆与喷射混凝土支护工程技术规范》（GB 50086—2015）[95]、《公路隧道施工技术规范》（JTG/T 3660—2020）[96]和《客货共线铁路隧道工程施工技术规程》（Q/CR 9653—2017）[97]规定，隧道周边收敛和拱顶下沉是隧道施工过程中的必测项目。目前，监测隧道周边收敛和拱顶下沉主要有两类方法。一类为接触式量测方法，使用钢卷尺收敛计量测隧道周边收敛和使用精密水准仪悬挂钢尺量测隧道拱顶下沉[5,12-13]。接触式量测的劳动强度大、测量效率低、施工干扰大，特别是当隧道净空高度大于 6m 时，还存在着挂尺困难的问题。另一类为非接触量测方法，使用全站仪的免棱镜测量技术，通过自由设站法测得监测点三维坐标，经变化换算得到隧道周边收敛，以及通过三角高程法测量隧道拱顶下沉[20-23]。但全站仪操作复杂，测量要求高，且测量精度难以满足隧道变形监测的要求。

其他一些测量隧道周边收敛和拱顶下沉的仪器和方法，如静力水准仪方法[14]、巴塞特收敛系统[15-16]、近景摄影测量技术[24]、光纤监测技术[34]、三维激光扫描技术[46]等，都因监测精度较低或者设备成本过高而未在实际工程中推广使用。因此，开发新的隧道周边收敛和拱顶下沉监测方法和仪器装置并使之方便测量且具有良好精度，具有重要的工程意义。

3.2 隧道周边收敛和拱顶下沉的监测原理及方法

为解决传统钢卷尺收敛计和水准仪悬挂钢尺法监测隧道周边收敛和拱顶下沉时劳动强度大、效率低、施工干扰大、挂尺困难的问题，以及克服全站仪操作复杂、测量精度较低的缺点，利用开发的激光收敛仪及其对准调节装置和反光片，提出了一种用激光收敛仪监测隧道周边收敛和拱顶下沉的非接触式量测方法。

3.2.1 监测原理

激光收敛仪监测隧道周边收敛时，根据监测断面的收敛测线选定测点位置，在待测点处分别安装固定螺栓和反光片，将激光收敛仪安装到固定螺栓的转换接头上（图 3-1）。调节对准调节装置对准反光片上的目标点后，使用激光收敛仪测得仪器与目标点间的测线距离，通过测线距离的变化实现隧道周边收敛的监测［式（3-1）］：

$$\delta_{ci} = r_0 - r_i \tag{3-1}$$

式中，δ_{ci}——第 i 次量测时的测线累计周边收敛；

r_0——初次量测时的测线长度；

r_i——第 i 次量测时的测线长度。

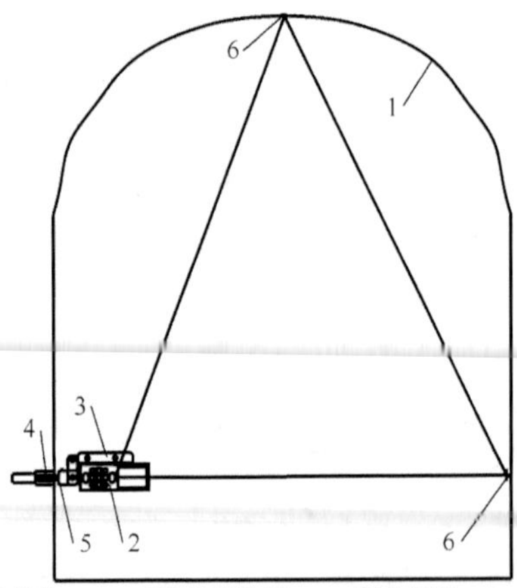

1—隧道围岩；2—激光收敛仪；3—对准调节装置；4—固定螺栓；5—转换接头；6—反光片。

图 3-1　激光收敛仪监测隧道周边收敛原理图

在监测隧道周边收敛的同时，还可根据隧道周边收敛的测线量测结果计算隧道拱顶下沉，其监测原理图如图 3-2 所示。隧道开挖后立即布设监测点，用激光收敛仪测量 BC、BA 和 CA 三条测线的长度，分别为 r_{BC}、r_{BA} 和 r_{CA}，用水准仪测得 C 点相对于 B 点的相对高差 $\Delta y_{BC} = h_C - h_B$。

以 B 点为基准点，初次测量时拱顶监测点 A 相对于基准点 B 的初始高差 h 可由式（3-2）求得：

$$h = r_{BA} \cdot \sin(\beta + \gamma) \tag{3-2}$$

其中，

$$\beta = \arccos\left(\frac{r_{BC}^2 + r_{BA}^2 - r_{CA}^2}{2r_{BC} \cdot r_{BA}}\right) \tag{3-2a}$$

$$\gamma = \arcsin\frac{\Delta y_{BC}}{r_{BC}} \tag{3-2b}$$

式中，h——初次测量时拱顶监测点 A 相对于基准点 B 的高差；

β——初次测量时测线 BC 与 BA 间的夹角；

γ——初次测量时测线 BC 与水平线之间的夹角；

Δy_{BC}——初次测量时 C 点相对于 B 点的高差；

r_{BC}、r_{BA} 和 r_{CA}——初次测量时测线 BC、BA 和 CA 的长度。

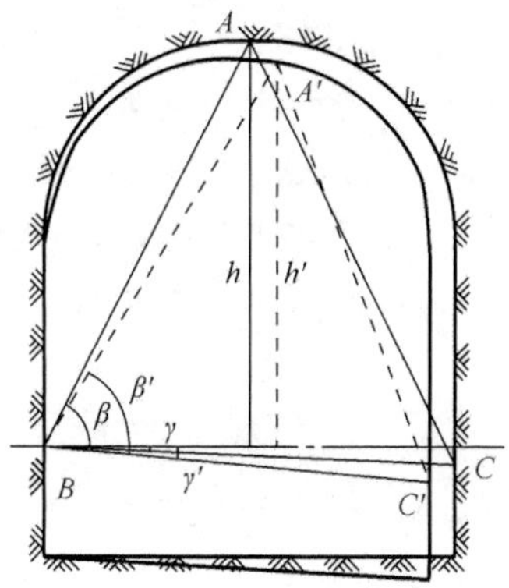

图 3-2　激光收敛仪监测隧道拱顶下沉原理图

隧道变形后，用激光收敛仪测量三条测线 BC'、BA' 和 $C'A'$ 的长度分别为 $r_{BC'}$、$r_{BA'}$ 及 $r_{C'A'}$，用水准仪测得 C' 点相对于 B 点变形后的相对高差 $\Delta y_{BC'} = h_{C'} - h_B$。拱顶监测点 A' 相对于基准点 B 的变形后高差 h' 可由式（3-3）求得：

$$h' = r_{BA'} \cdot \sin(\beta' + \gamma') \tag{3-3}$$

其中，

$$\beta' = \arccos\left(\frac{r_{BC'}^2 + r_{BA'}^2 - r_{C'A'}^2}{2r_{BC'} \cdot r_{BA'}}\right) \tag{3-3a}$$

$$\gamma' = \arcsin\frac{\Delta y_{BC'}}{r_{BC'}} \tag{3-3b}$$

式中，h'——变形后拱顶监测点 A' 相对于基准点 B 的高差；

β'——变形后测线 BC' 与 BA' 间的夹角；

γ'——变形后测线 BC' 与水平线之间的夹角；

$\Delta y_{BC'}$——变形后 C' 点相对于 B 点的高差；

$r_{BC'}$、$r_{BA'}$ 和 $r_{C'A'}$——变形后测线 BC'、BA' 和 $C'A'$ 的长度。

根据式（3-2）和式（3-3），结合基准点 B 的竖向沉降，拱顶监测点 A 的拱顶下沉可由式（3-4）求得：

$$u = h - h' + h_B - h'_B = r_{BA} \cdot \sin(\beta + \gamma) - r_{BA'} \cdot \sin(\beta' + \gamma') + h_B - h'_B \tag{3-4}$$

式中，u——监测点 A 的拱顶下沉值；

h、h'——A 相对于 B 点的初始高差和变形后高差；

h_B、h'_B——B 点的初始高程和变形后高程。

因为隧道侧壁围岩 B 点的竖向变形一般很小，在硬岩隧道中基本没有沉降，虽在大变形软岩隧道中会产生沉降，但其沉降值仍远小于拱顶下沉值，一般情况下也不需要修正。因此，当监测点 A 的拱顶下沉值较小时，可不必量测脚点 B、C 的高程。此时 $\gamma' = \gamma$，$h_B = h'_B$，式（3-4）可做简化得式（3-5）：

$$u = r_{BA} \cdot \sin(\beta + \gamma) - r_{BA'} \cdot \sin(\beta' + \gamma) \tag{3-5}$$

当拱顶监测点 A 的拱顶下沉值达到报警值的 1/2 时，再用水准仪定期量测脚点 B、C 的高程，通过式（3-4）来修正拱顶监测点 A 的拱顶下沉值，以减少水准仪的使用频率，提高激光收敛仪监测时的工作效率。

3.2.2 监测方法

根据隧道周边收敛和拱顶下沉的监测方案选择监测断面，在监测断面内按照图 3-2 所示的监测原理，在隧道壁面上选取一个拱顶下沉监测点 A、两个基准点 B 和 C，形成一个过拱顶监测点 A 的三角形的三条测线 BA、BC、CA。结合使用水准仪测量底部基准点 B、C 的高程，完成激光收敛仪监测隧道周边收敛和拱顶下沉。

在基准点 B、C 处使用电锤在围岩或初衬侧壁上成孔，埋设膨胀螺栓，并将转换公头安装到埋设在隧道侧壁的膨胀螺栓上，使用水准仪测得基准点 B、C 的高程分别为 y_B 和 y_C，计算基准点 B、C 的相对高差 Δy_{BC}。在拱顶监测 A 点处安装合页反光片，调节反光片合页的角度尽量与激光束垂直，在基准点 C 处安装单页反光片。

使用激光收敛仪进行监测时，将对准调节装置底部的转换母头插入基准点 B 处的转换公头，旋紧锁死螺母，完成仪器的安装工作。打开激光收敛仪，使用主机的编辑功能设置本次监测的项目名称、断面编号、测线编号。由于激光收敛仪的测线编号会自动增加，按照一定顺序进行测线距离的量测时，不需要再次对测线编号等内容进行设置。

打开激光收敛仪的激光束，通过调节对准调节装置，使激光收敛仪的激光束对准基准点 C 处的反光片目标点，静等 3～5s，触发无线遥控按钮对 BC 测线的长度进行测量，仪器自动记录并保存测量结果，完成 BC 测线长度的测量。再次调节对准调节装置，使激光收敛仪的激光束对准拱顶监测点 A 处的反光片目标点，触发无线遥控按钮完成 BA 测线的长度测量。

拆卸激光收敛仪，将对准调节装置底部的转换母头插入基准点 C 处的转换公头，旋紧锁死螺母，完成仪器的安装工作。调节对准调节装置，使激光收敛仪的激光束对准拱顶监测点 A 处的反光片目标点，触发无线遥控按钮完成 CA 测线的长度测量。

根据 BA、BC、CA 测线的长度，结合基准点 B、C 的相对高差 Δy_{BC}，根据式（3-2）计算得到初次测量时拱顶监测点 A 相对于基准点 B 的初始高差 h。

按照监测频率，使用水准仪测得隧道变形后的基准点 B、C' 高程分别为 h_B' 和 $h_{C'}$，计算基准点 B、C' 的相对高差 $\Delta y_{BC'}$，重复激光收敛仪的安装、编辑、测量步骤，完成测线 BA'、BC'、$C'A'$ 的测线长度量测。根据式（3-3）计算得到隧道变形后拱顶监测点 A' 相对于基准点 B 的变形后高差 h'。

结合拱顶监测点 A 相对于基准点 B 的初始高差 h，隧道变形后拱顶监测点 A' 相对于基准点 B 的变形后高差 h'，基准点 B 的竖向沉降，拱顶监测点 A 的拱顶下沉可由式（3-4）或式（3-5）求得。隧道周边收敛则根据测线 BA、BC、CA 的长度变化，由式（3-1）计算得到。

每个监测断面的测线布设须结合隧道周边收敛和拱顶下沉的监测要求，重复上述测量步骤和计算方法，直至结束监测工作。

在实际的测量过程中，激光收敛仪在施测时安装方便、操作简捷，一个断面的测量时间在 10min 左右即可完成。

3.2.3　监测测线编号

公路隧道的开挖方法主要有全断面法、台阶法、中隔壁（center diaphragm，CD）法、交叉中隔壁（center cross diaphragm，CRD）法、双侧壁导坑法等。全断面法可用于Ⅰ～Ⅲ级围岩的中小跨度隧道，Ⅳ级围岩中跨度隧道和Ⅲ级围岩大跨度隧道在采用了有效的预加固措施后，也可采用全断面法开挖。台阶法可用于Ⅲ～Ⅳ级围岩的中小跨度隧道，Ⅴ级围岩的中小跨度隧道在采用了有效的预加固措施后，也可采用台阶法开挖。CD 法或 CRD 法适用于围岩较差、跨度大、浅埋、地表沉降需要控制的场地。双侧壁导坑法适用于浅埋大跨度隧道，以及地表下沉量要求严格而围岩条件很差的场地[96]。

可以通过隧道周边收敛的量测结果计算得到拱顶下沉，实现隧道周边收敛和拱顶下沉的同时监测。根据图 3-1 和图 3-2 所示的测量原理，一个拱顶下沉监测点需要三条对应的周边收敛测线，并形成一个测量三角形。因此，需要根据不同的施工开挖方法，布设与之对应的激光收敛仪监测周边收敛和拱顶下沉的监测测线。对于多个拱顶下沉监测点的情况，需要分别布设每个监测点用于形成三角形的周边收敛测线，但水平方向的周边收敛测线可以多次使用，形成三角形。

根据全断面法、台阶法、CD 法、CRD 法、双侧壁导坑法等常用施工开挖方法的周边收敛和拱顶下沉监测要求，附录 B 给出了相应的测线布设及编号。

3.3　隧道周边收敛和拱顶下沉监测误差分析

在实际的测量工作中，测量所获得的数值称为观测值，由于观测中误差的存在，导致各观测值与其真实值（简称为真值）之间存在差异，这种差异称为测量误差。

测量误差的大小与测量者、测量仪器自身的精度、观测条件[92]，以及一些不可预测条件密切相关。标准差是用来衡量仪器测量精度的一种指标，但在实践中观测次数不可能无限多，因此，测量工程中常用有限次观测计算出的中误差来衡量仪器的测量精度。为评估激光收敛仪监测隧道周边收敛和拱顶下沉的测量精度，通过理论误差推导分析、室内试验、隧道现场实测等方法，研究和分析激光收敛仪监测隧道周边收敛和拱顶下沉的理论误差和综合误差。

3.3.1　周边收敛监测的误差分析

为了分析激光收敛仪监测隧道周边收敛的精度，在实验室内和青岛某洞库施工现场进行了隧道周边收敛的重复性测试实验。在青岛某洞库和敦煌—格尔木铁路当金山隧道，通过与钢卷尺收敛计 JSS30A、徕卡 TS15 全站仪的应用对比来分析激光收敛仪监测隧道周边收敛的稳定性与可靠性。

1. 室内重复性测量试验

在实验室内墙壁上安装膨胀螺栓，在另一墙壁上安装反光片，按照仪器安装、测量、拆卸、再安装……的步骤，对距离为 6.3m 和 12.2m 的模拟断面分别进行了 22 次水平收敛重复测量，各次测量误差的分布图如图 3-3 所示，测试得到的最大正误差、最大负误差、方差、中误差等精度评价如表 3-1 所示。

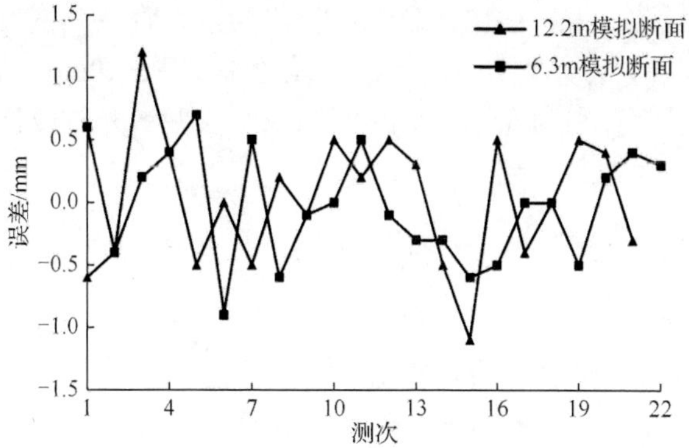

图 3-3　22 次水平收敛室内重复测量误差分布图

表 3-1　6.3m 和 12.2m 模拟断面的 22 次水平收敛室内重复测量结果

编号	6.3m 断面							12.2m 断面						
	测量值/m	与均值差/mm	均值/m	最大正误差/mm	最大负误差/mm	方差/mm^2	中误差/mm	测量值/m	与均值差/mm	均值/m	最大正误差/mm	最大负误差/mm	方差/mm^2	中误差/mm
1	6.3590	0.6	6.3584	0.7	−0.9	0.20	0.45	12.2417	−0.6	12.2423	1.2	−1.1	0.27	0.52
2	6.3580	−0.4						12.2419	−0.4					
3	6.3586	0.2						12.2435	1.2					
4	6.3588	0.4						12.2427	0.4					
5	6.3591	0.7						12.2418	−0.5					
6	6.3575	−0.9						12.2423	0.0					
7	6.3589	0.5						12.2418	−0.5					
8	6.3578	−0.6						12.2425	0.2					
9	6.3583	−0.1						12.2422	−0.1					
10	6.3584	0.0						12.2428	0.5					
11	6.3589	0.5						12.2425	0.2					
12	6.3583	−0.1						12.2428	0.5					
13	6.3581	−0.3						12.2426	0.3					
14	6.3581	−0.3						12.2418	−0.5					
15	6.3578	−0.6						12.2412	−1.1					
16	6.3579	−0.5						12.2428	0.5					
17	6.3584	0.0						12.2419	−0.4					
18	6.3584	0.0						12.2423	0.0					
19	6.3579	−0.5						12.2428	0.5					
20	6.3586	0.2						12.2427	0.4					
21	6.3588	0.4						12.2420	−0.3					
22	6.3587	0.3						12.2425	0.2					

从表 3-1 和图 3-3 可以得出，激光收敛仪的水平收敛测试数据稳定，除偶尔出现大于±1.0mm 的误差外，90%以上的误差值都小于±1.0mm。测线长度为 6.3m 和 12.2m 时的中误差分别为 0.45mm 和 0.52mm，表明激光收敛仪在实验室内的周边收敛测量精度达到了±1.0mm 的预定目标。

2. 现场重复性测量试验

激光收敛仪的周边收敛现场测试在青岛某洞库施工现场进行。该隧洞采用新奥法施工，断面设计为变截面直墙拱形，最小净空尺寸宽 3.5m、高 4m，最大净空尺寸宽 13.5m、高 9.7m。洞库地质条件为褐黄色-肉红色粗粒黄岗岩，主要矿物成分为石英、长石和少量黑云母；岩体较为完整，主要为块状构造，局部呈破碎或碎裂状，风化程度较弱，洞口段为中—强风化，无渗漏水或轻微渗水；洞库区域内有两条明显断层穿过，但影响区域较小，断层影响区域内围岩破碎，渗漏水可能较为严重。围岩整体为III级，局部为II级或IV级。

在隧道施工现场，按照图 3-4 布设三条周边收敛测线，分别在高度约 4.5m 和 6.7m 变形稳定的断面进行了 52 次和 25 次重复测量试验，现场实测照片如图 3-5 所示。测试得到的最大正误差、最大负误差、方差、中误差等指标结果如表 3-2 所示，各次测量误差的分布如图 3-6 所示。

图 3-4　周边收敛测线布设示意图

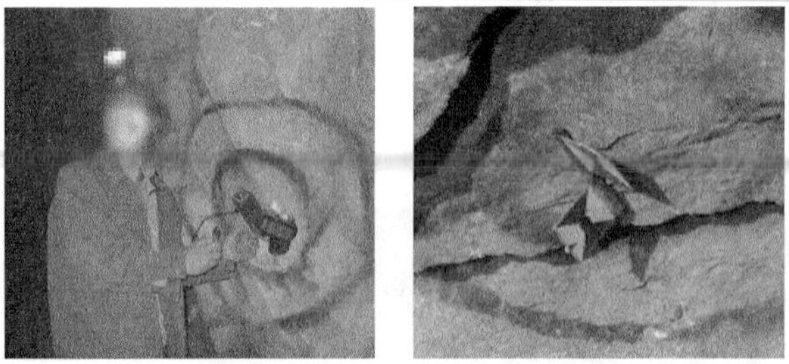

（a）现场实测照片　　（b）拱顶反光片

图 3-5　激光收敛仪隧道现场实测照片

表 3-2　周边收敛隧道现场重复测量试验误差

分类	测线	测次	均值/m	最大正误差/mm	最大负误差/mm	方差/mm^2	中误差/mm
4.5m 高断面	*AB*	52	4.0080	1.1	−1.7	0.41	0.64
	AC	52	4.0319	1.2	−0.9	0.30	0.50
	BC	52	5.1829	1.1	−1.0	0.28	0.53
6.7m 高断面	*AB*	25	7.4695	1.1	−1.1	0.33	0.57
	AC	25	10.2864	1.2	−0.6	0.21	0.46
	BC	25	14.4517	1.8	−1.1	0.46	0.68

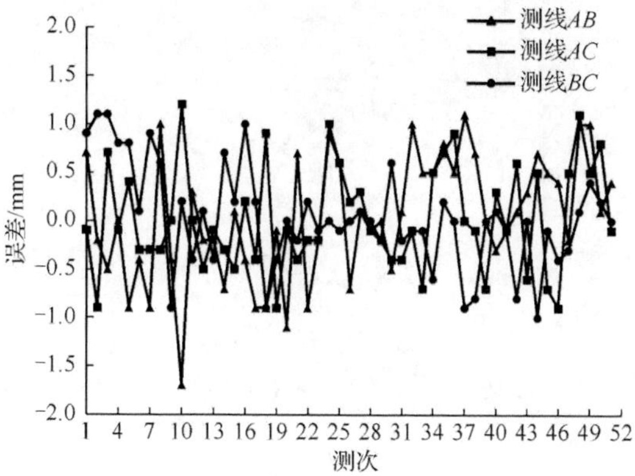

（a）4.5m高断面52次重复测量试验

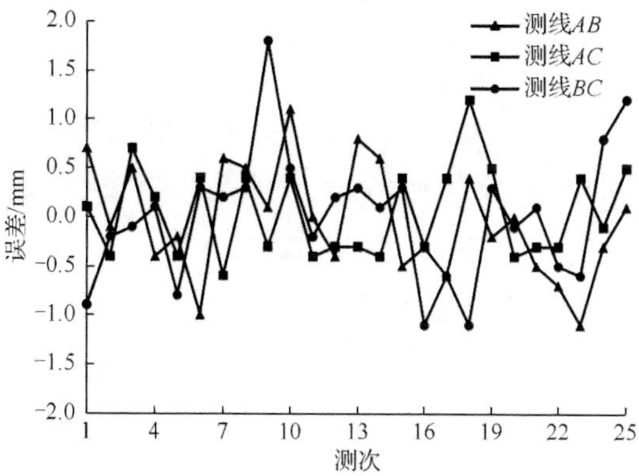

（b）6.7m高断面25次重复测量试验

图 3-6　周边收敛隧道现场重复测量误差分布图

表 3-2 的数据表明，激光收敛仪在测线长度为 4.0～14.4m 时的量测中误差为 0.46～0.68mm。从图 3-6 可以看出，激光收敛仪的周边收敛重复测量误差基本在（−1mm，1mm）区间内波动，表明激光收敛仪的周边收敛测量精度达到±1.0mm 的要求。现场实测的中误差大于室内试验结果，因为隧道现场的测试环境为激光收敛仪的使用环境，该误差包含了仪器误差、安装误差、环境因素影响等，为综合误差，更能表征激光收敛仪的实用性能。

将隧道现场实测的 6 条测线共 231 次的误差作为样本总体，使用正态分布函数进行拟合，测量误差频数分布和正态分布曲线如图 3-7 所示。测量误差满足标准正态分布，误差在（−1mm，1mm）范围内的置信水平为 0.93，表明激光收敛仪在隧道现场的测量精度达到了±1.0mm 的预定目标。

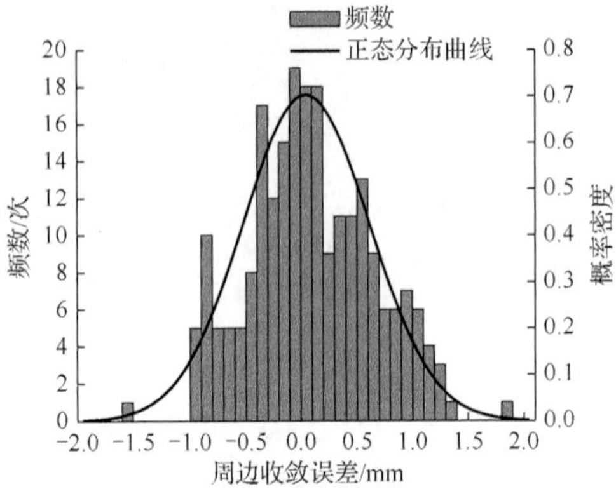

图 3-7　周边收敛现场重复测量误差分析图

3. 激光收敛仪与 JSS30A 钢卷尺收敛计的应用对比

在青岛某洞库施工现场的 Z045 断面、Z098 断面、Z195 断面，按照图 3-4 所示布设三条周边收敛测线，分别使用激光收敛仪和 JSS30A 钢卷尺收敛计进行周边收敛监测。JSS30A 钢卷尺收敛计具有测量精度高、体积小等特点，广泛应用于量测隧道、巷道、硐室等工程围岩两点间的微小距离变化。JSS30A 钢卷尺收敛计的量程为 0.5～30m，标称测量精度为 0.1mm，分辨率为 0.01mm。

1）Z045 断面激光收敛仪与 JSS30A 钢卷尺收敛计监测结果对比

Z045 断面激光收敛仪与 JSS30A 钢卷尺收敛计的监测结果对比如图 3-8 所示。图 3-8 的对比数据表明，激光收敛仪与 JSS30A 钢卷尺收敛计测得的围岩变形发展趋势和累计周边收敛非常接近，且各次测量的偏差不大于±1.0mm。

2）Z098 断面激光收敛仪与 JSS30A 钢卷尺收敛计监测结果对比

Z098 断面激光收敛仪与 JSS30A 钢卷尺收敛计的监测结果对比如图 3-9 所示。图 3-9 所示的对比数据表明，激光收敛仪与 JSS30A 钢卷尺收敛计测得的围岩变形发展趋势和累计周边收敛较为接近，除 *AC* 测线在 12 月 29 日和 *BC* 测线在 12 月 26 日的偏差大于±1.0mm 外，其余各次测量的偏差不大于±1.0mm。

3）Z195 断面激光收敛仪与 JSS30A 钢卷尺收敛计监测结果对比

Z195 断面激光收敛仪与 JSS30A 钢卷尺收敛计的监测结果对比如图 3-10 所示。图 3-10 所示的对比数据表明，*AB* 测线和 *AC* 测线所测得的围岩变形发展趋势和累计周边收敛较为接近，且各次测量的偏差不大于±1.0mm；*BC* 测线因反光片被爆破飞出的岩石碰撞发生了变形，导致测量结果偏差较大。

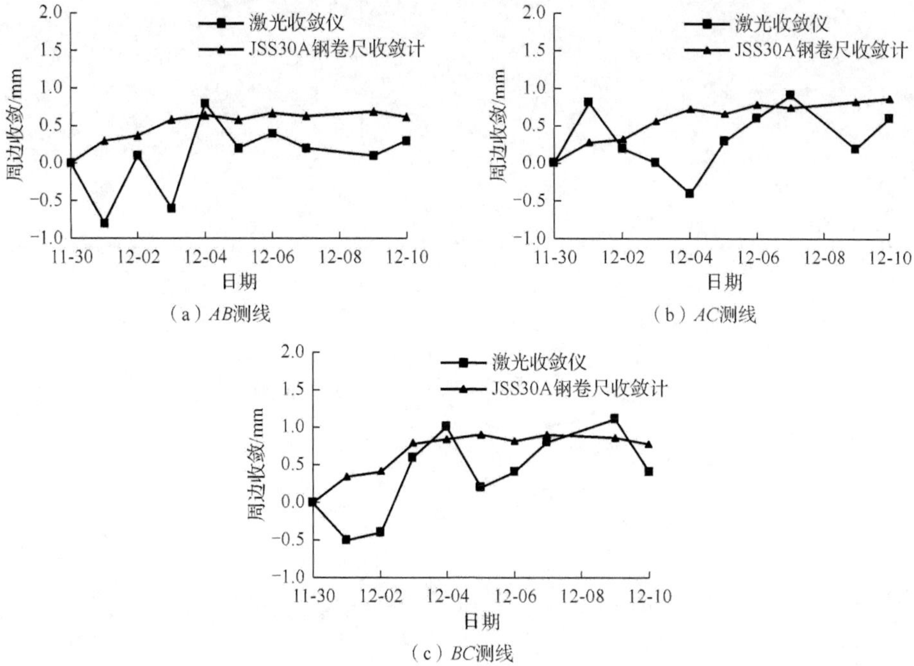

图 3-8　激光收敛仪与 JSS30A 钢卷尺收敛计监测结果对比（Z045 断面）

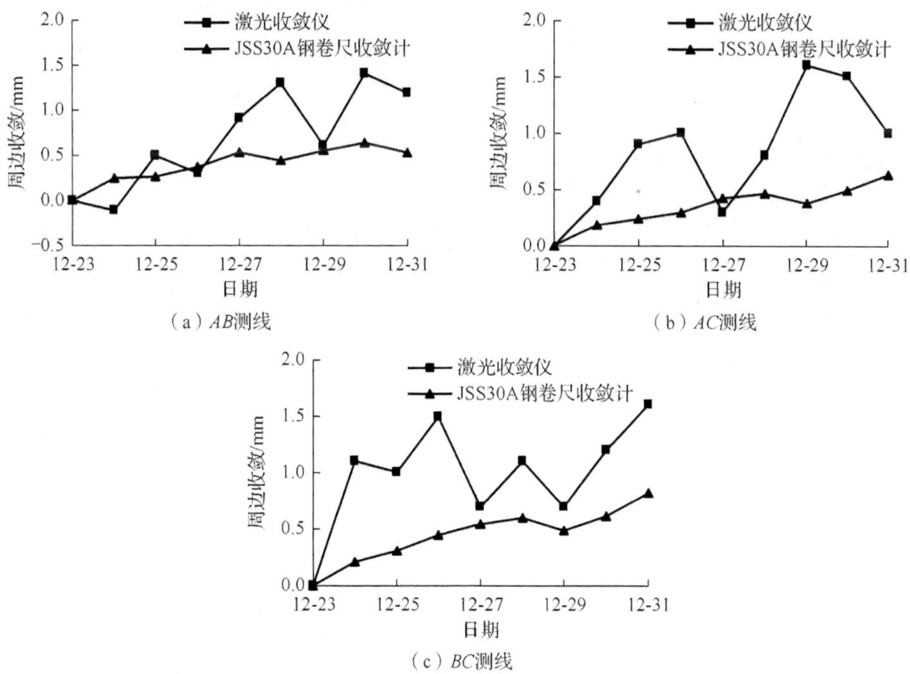

图 3-9　激光收敛仪与 JSS30A 钢卷尺收敛计监测结果对比（Z098 断面）

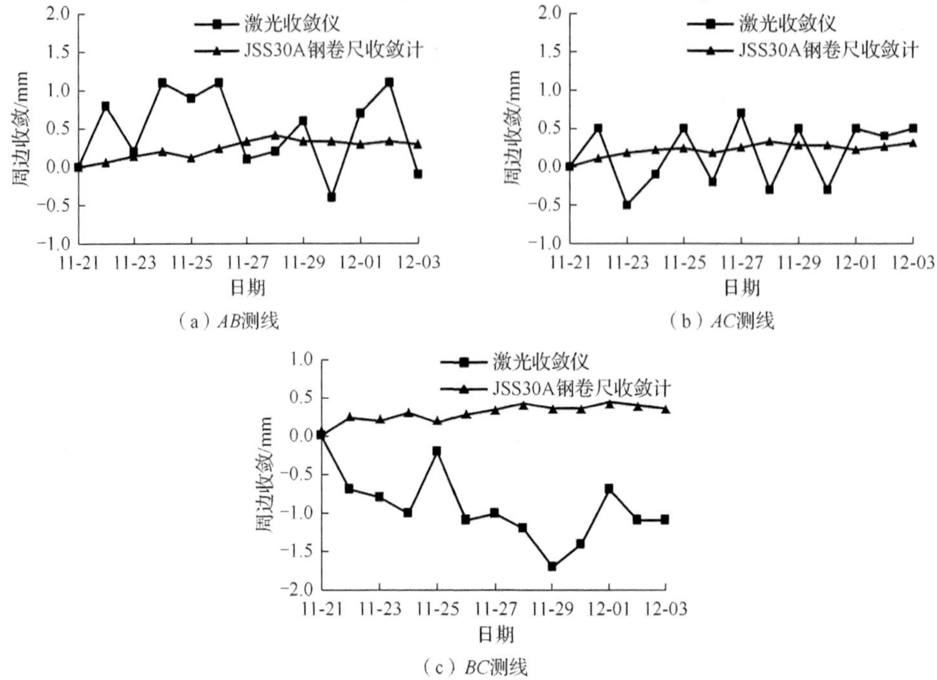

图 3-10　激光收敛仪与 JSS30A 钢卷尺收敛计监测结果对比（Z195 断面）

图 3-8～图 3-10 中激光收敛仪与 JSS30A 钢卷尺收敛计的隧道现场实测数据对比综合表明，激光收敛仪监测周边收敛的精度达到了±1.0mm 的要求。

4. 激光收敛仪与徕卡 TS15 全站仪的应用对比

在敦煌—格尔木铁路当金山隧道，分别采用激光收敛仪和徕卡 TS15 全站仪进行周边收敛监测。当金山隧道开挖断面尺寸约为 6.0m×6.5m，围岩级别为Ⅳ级。在 PDK195+944 和 PDK195+971 断面，按照图 3-4 所示布设三条周边收敛测线，编号分别为 *BC*、*AB*、*AC*。徕卡 TS15 全站仪采用双光源同轴测距系统，具有距离测程长、机载应用程序多、可在恶劣的野外条件下提供稳定可靠的测量成果等特点，其角度测量精度为 1″，有棱镜时的标称测量精度为 $1\text{mm}+1.5\times10^{-6}D$（$D$ 为测程，单位为 km），0～500m 无棱镜的标称测量精度为 $2\text{mm}+2\times10^{-6}D$（$D$ 为测程，单位为 km）。

PDK195+944 断面激光收敛仪与 TS15 全站仪监测结果对比如图 3-11 所示，PDK195+971 断面激光收敛仪与 TS15 全站仪监测结果对比如图 3-12 所示。图 3-11 和图 3-12 所示的对比数据表明，激光收敛仪的周边收敛监测结果除 PDK195+944 断面的测线 *AC* 在 9 月 6 日出现大于±1.0mm 的波动外，其余结果无明显波动，监测结果符合围岩变形的发展规律。全站仪测得的周边收敛-时间曲线波动较大，除 PDK195+944 断面中测线 *BC* 的监测结果比较稳定外，其余监测结果都出现了明显波动，可以推测是人为测量误差所致。由此可知，激光收敛仪的监测精度及稳定性都要优于徕卡 TS15 全站仪。

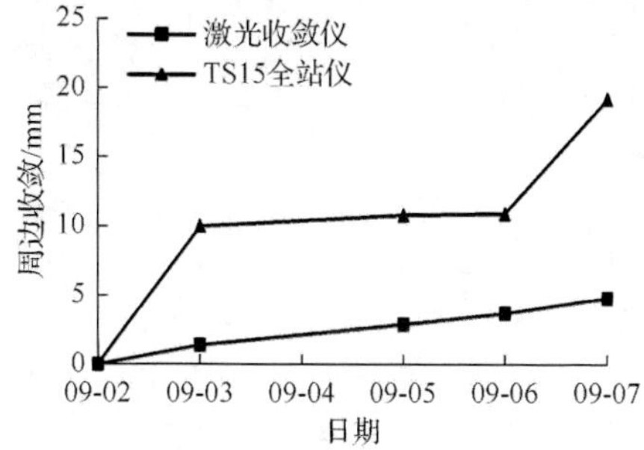

（a）*AB*测线

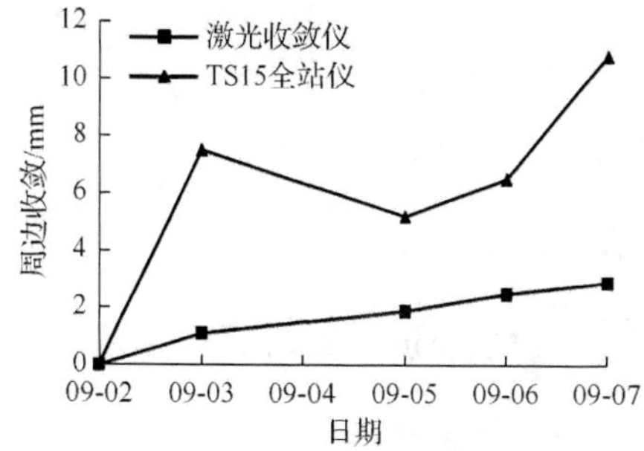

（b）*AC*测线

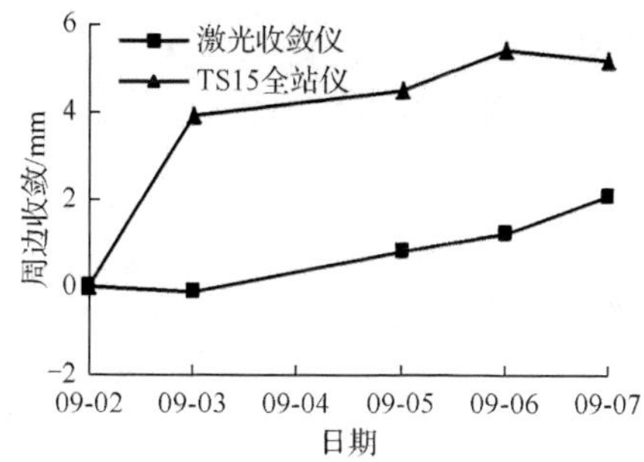

（c）*BC*测线

图 3-11　激光收敛仪与 TS15 全站仪监测结果对比（PDK195+944 断面）

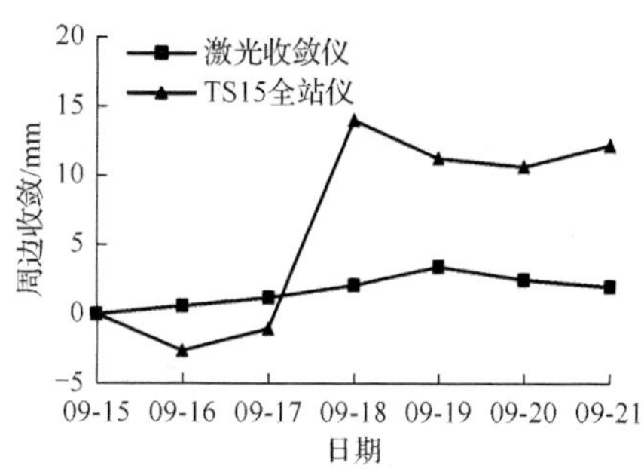

（a）*AB*测线

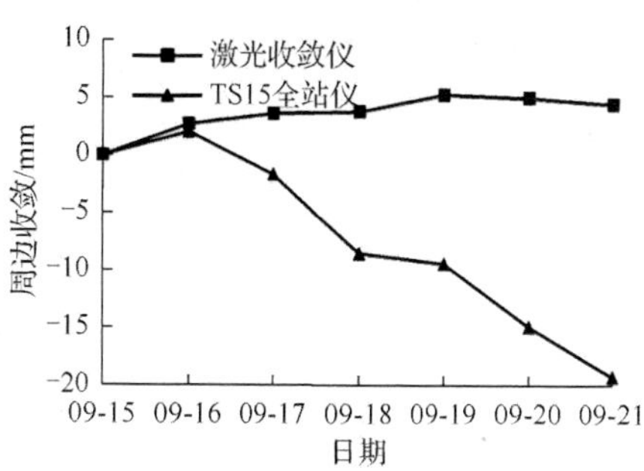

（b）*AC*测线

图 3-12　激光收敛仪与 TS15 全站仪监测结果对比（PDK195+971 断面）

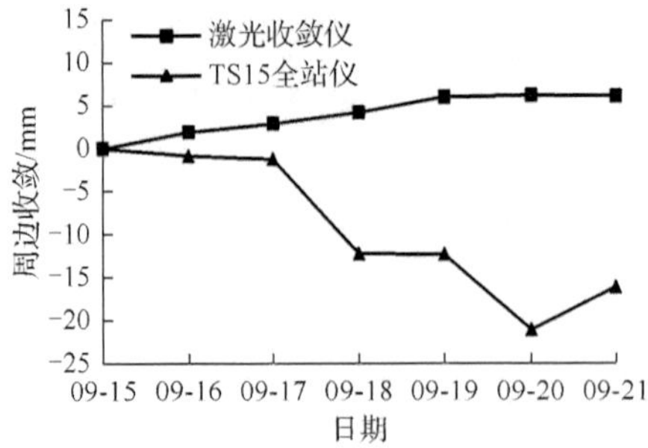

（c）*BC*测线

图 3-12（续）

3.3.2　拱顶下沉监测的误差分析

为了评估激光收敛仪监测隧道拱顶下沉的精度，在实验室内和青岛某洞库施工现场进行了隧道拱顶下沉的重复性测量试验。在青岛某洞库和敦煌—格尔木铁路当金山隧道，通过与苏州一光 DS05 精密水准仪、徕卡 TS15 全站仪的应用对比来验证激光收敛仪监测隧道拱顶下沉的可靠性。

1. 拱顶下沉室内重复测量试验

在实验室内墙壁上安装膨胀螺栓，在另一墙壁上安装反光片，按照仪器安装、测量、拆卸、再安装……的步骤，对实验室内约 3.0m 高度的模拟断面进行了 22 次拱顶下沉测量。各次测量误差的分布图如图 3-13 所示，测试得到的最大正误差、最大负误差、方差、中误差等指标结果如表 3-3 所示。

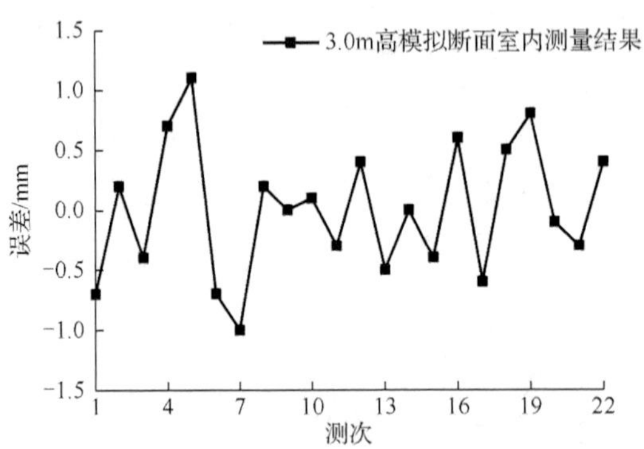

图 3-13　22 次拱顶下沉室内重复测量结果误差分布图（3.0m 高模拟断面）

表 3-3　22 次拱顶下沉室内重复测量结果（3.0m 高模拟断面）

编号	测量值/m	均值/m	与均值差/mm	最大正误差/mm	最大负误差/mm	方差/mm^2	中误差/mm
1	2.8534	2.8541	−0.7	1.1	−1.0	0.30	0.55
2	2.8543		0.2				
3	2.8537		−0.4				
4	2.8548		0.7				
5	2.8552		1.1				
6	2.8534		−0.7				
7	2.8531		−1.0				
8	2.8543		0.2				
9	2.8541		0.0				
10	2.8542		0.1				
11	2.8538		−0.3				
12	2.8545		0.4				
13	2.8536		−0.5				
14	2.8541		0.0				
15	2.8537		−0.4				
16	2.8547		0.6				
17	2.8535		−0.6				
18	2.8546		0.5				
19	2.8549		0.8				
20	2.8540		−0.1				
21	2.8538		−0.3				
22	2.8545		0.4				

从表 3-3 可以得出，激光收敛仪的拱顶下沉重复测试数据稳定，除偶尔出现大于±1.0mm 的误差外，90%以上的误差值小于±1.0mm。3.0m 高模拟断面的测量中误差为 0.55mm，表明激光收敛仪在实验室内的拱顶下沉测量精度达到了±1.0mm 的预定目标。

2. 拱顶下沉现场重复测量试验

激光收敛仪的拱顶下沉现场实测在青岛某洞库施工现场进行。在隧道施工现场，按照图 3-4 所示布设三条周边收敛测线，在高度约 4.5m 和 6.7m 变形稳定的断面分别进行了 50 次和 25 次拱顶下沉现场重复测量试验，根据测线 AB、AC、BC 的长度和水准仪测得的基准点高程，由式（3-4）求得拱顶下沉。测试得到的最大正误差、最大负误差、方差、中误差等指标结果如表 3-4 所示，各次测量误差的分布图如图 3-14 所示。

表 3-4　隧道拱顶下沉现场重复测量试验误差

分类	测次	均值/m	最大正误差/mm	最大负误差/mm	方差/mm^2	中误差/mm
4.5m 高断面	50	3.0732	1.2	−1.3	0.43	0.65
6.7m 高断面	25	5.1921	0.8	−1.4	0.49	0.70

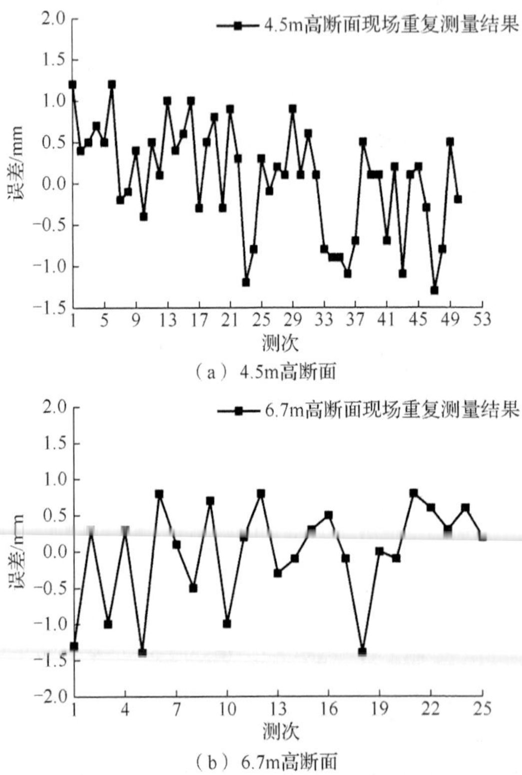

图 3-14　隧道拱顶下沉现场重复测量误差分布图

从表 3-4 可以看出，隧道现场测试的拱顶下沉各次测量误差基本在（−1mm，1mm）区间内波动，表明激光收敛仪的拱顶下沉测量精度达到±1.0mm 的要求。但隧道现场实测的拱顶下沉测量中误差（0.70mm）大于室内试验中误差（0.55mm），这是因为隧道现场的测试环境为激光收敛仪的使用环境，该误差包含了仪器误差、安装误差、环境因素影响等，为综合误差。

将隧道现场实测（共 77 次）的拱顶下沉误差作为样本总体，使用正态分布函数进行拟合，其测量误差频数分布和正态分布曲线如图 3-15 所示。测量误差基本满足标准正态分布，误差在（−1mm，1mm）范围内的置信水平为 0.90，表明激光收敛仪在隧道现场的测量精度达到了±1.0mm 的预定目标。

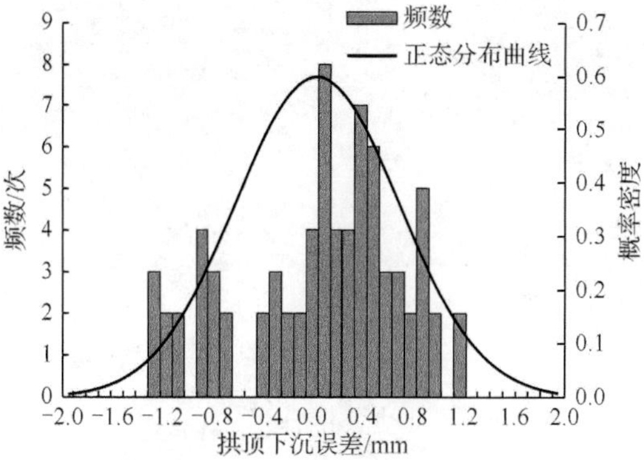

图 3-15　拱顶下沉现场重复测量误差分析图

3. 激光收敛仪与 DS05 精密水准仪的应用对比

在青岛某洞库施工现场选取 Z045 断面、Z098 断面、Z195 断面，分别使用激光收敛仪和 DS05 精密水准仪悬挂钢尺进行拱顶下沉监测。DS05 精密水准仪采用内置式测微平板结构、自动补偿装置和数字式光学测微尺，广泛应用于国家二、三等水准测量，建筑工程测量，变形及沉降监测，矿山测量，大型机器安装，工具加工测量和精密工程测量。DS05 精密水准仪每千米往返测量高差标准偏差≤0.5mm，补偿器工作范围±15′，安平精度±0.3″，测微范围 10mm，测微尺格值 0.1mm，测微尺可估读值 0.01mm。

Z045 断面激光收敛仪与 DS05 精密水准仪拱顶下沉监测结果对比如图 3-16 所示，Z098 断面激光收敛仪与 DS05 精密水准仪拱顶下沉监测结果对比如图 3-17 所示，Z195 断面激光收敛仪与 DS05 精密水准仪拱顶下沉监测结果对比如图 3-18 所示。图 3-16～图 3-18 的对比数据表明，激光收敛仪与 DS05 精密水准仪所测得的围岩变形发展趋势和最终的累计拱顶下沉非常接近，除少数测量结果与 DS05 精密水准仪的偏差大于±1.0mm 外，其余各次测量的偏差均不大于±1.0mm。

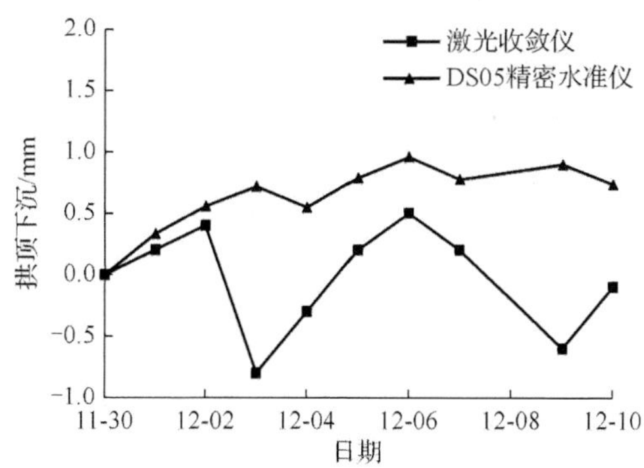

图 3-16　激光收敛仪与 DS05 精密水准仪拱顶下沉监测结果对比（Z045 断面）

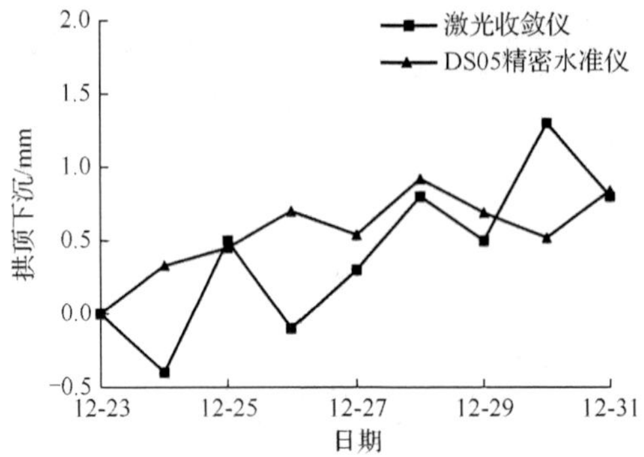

图 3-17　激光收敛仪与 DS05 精密水准仪拱顶下沉监测结果对比（Z098 断面）

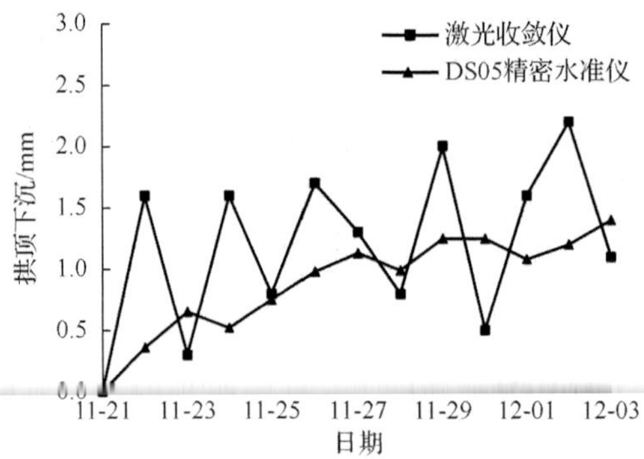

图 3-18　激光收敛仪与 DS05 精密水准仪拱顶下沉监测结果对比（Z195 断面）

因此，与 DS05 精密水准仪相比，激光收敛仪的测量稳定性更好，基本达到了±1.0mm 的测量精度。

4. 激光收敛仪与徕卡 TS15 全站仪的应用对比

分别采用激光收敛仪和徕卡 TS15 全站仪对敦煌—格尔木铁路当金山隧道的 PDK195+944 和 PDK195+971 断面进行拱顶下沉监测，当金山隧道开挖断面尺寸约为 6.0m×6.5m，围岩级别为Ⅳ级。徕卡 TS15 全站仪有棱镜的标称测量精度为 $1\text{mm}+1.5\times10^{-6}D$（$D$ 为测程，单位为 km），0～500m 无棱镜的标称测量精度为 $2\text{mm}+2\times10^{-6}D$（$D$ 为测程，单位为 km）。

PDK195+944 断面激光收敛仪与徕卡 TS15 全站仪拱顶下沉监测结果对比如图 3-19 所示，PDK195+971 断面激光收敛仪与徕卡 TS15 全站仪拱顶下沉监测结果对比如图 3-20 所示。图 3-19 和图 3-20 表明，激光收敛仪的拱顶下沉监测结果比徕卡 TS15 全站仪更加稳定，无明显的波动。

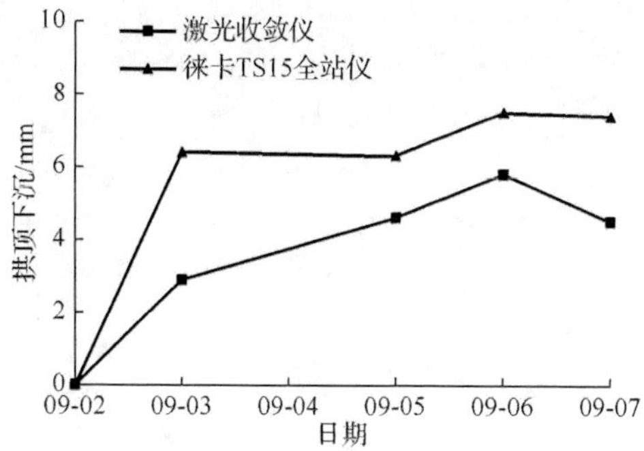

图 3-19　激光收敛仪与徕卡 TS15 全站仪拱顶下沉监测结果对比（PDK195+944 断面）

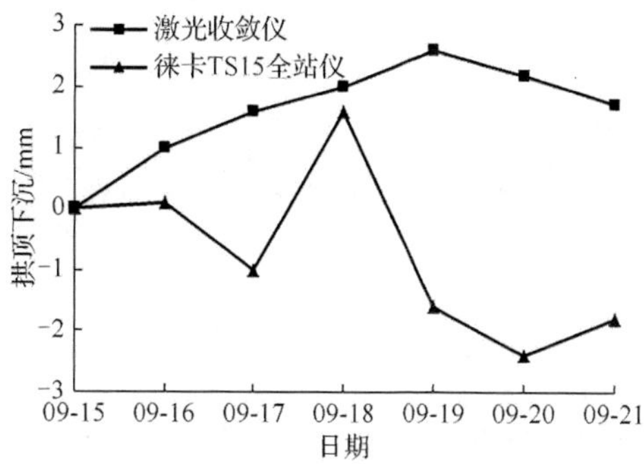

图 3-20　激光收敛仪和与徕卡 TS15 全站仪拱顶下沉监测结果对比（PDK195+971 断面）

目前，最先进的徕卡超高精度 TS60 全站仪的免棱镜测量精度也仅为 2mm+$2\times10^{-6}D$（D 为测程，单位为 km），但价格高达数十万。使用全站仪免棱镜测量时，激光束与反光片不垂直、安装时的对中误差等因素可能会导致全站仪的测量结果不稳定。激光收敛仪相对于全站仪不仅精度高、稳定性好，还具有价格优势；同时，全站仪三角高程法监测拱顶下沉的测量要求高、操作复杂。

3.3.3　拱顶下沉测量中误差理论推导分析

将式（3-4）全微分，得

$$\begin{aligned}\mathrm{d}u=&\sin(\beta+\gamma)\mathrm{d}r_{BA}+r_{BA}\cdot\cos(\beta+\gamma)\mathrm{d}(\beta+\gamma)-\sin(\beta'+\gamma')\mathrm{d}r_{BA'}\\&-r_{BA'}\cdot\cos(\beta'+\gamma')\mathrm{d}(\beta'+\gamma')+\mathrm{d}h_B-\mathrm{d}h'_B\end{aligned}\tag{3-6}$$

其中，

$$
\mathrm{d}(\beta+\gamma)=-\frac{1}{\sqrt{1-\left(\dfrac{r_{BA}^2+r_{BC}^2-r_{CA}^2}{2r_{BA}\cdot r_{BC}}\right)^2}}\left[\left(\frac{1}{2r_{BC}}-\frac{r_{BC}}{2r_{BA}^2}+\frac{r_{CA}^2}{2r_{BA}^2\cdot r_{BC}}\right)\mathrm{d}r_{BA}\right.
$$

$$
\left.+\left(\frac{1}{2r_{BA}}-\frac{r_{BA}}{2r_{BC}^2}+\frac{r_{CA}^2}{2r_{BC}^2\cdot r_{BA}}\right)\mathrm{d}r_{BC}-\frac{r_{CA}}{r_{BA}\cdot r_{BC}}\mathrm{d}r_{CA}\right]
$$

$$
+\frac{1}{\sqrt{1-\left(\dfrac{\Delta y_{BC}}{r_{BC}}\right)^2}}\left(\frac{1}{r_{BC}}\mathrm{d}\left(\Delta y_{BC}\right)-\frac{\Delta y_{BC}}{r_{BC}^2}\mathrm{d}r_{BC}\right) \tag{3-6a}
$$

$$
\mathrm{d}(\beta'+\gamma')=-\frac{1}{\sqrt{1-\left(\dfrac{r_{BA'}^2+r_{BC'}^2-r_{C'A'}^2}{2r_{BA'}\cdot r_{BC'}}\right)^2}}\left[\left(\frac{1}{2r_{BC'}}-\frac{r_{BC'}}{2r_{BA'}^2}+\frac{r_{C'A'}^2}{2r_{BA'}^2\cdot r_{BC'}}\right)\mathrm{d}r_{BA'}\right.
$$

$$
\left.+\left(\frac{1}{2r_{BA'}}-\frac{r_{BA'}}{2r_{BC'}^2}+\frac{r_{C'A'}^2}{2r_{BC'}^2\cdot r_{BA'}}\right)\mathrm{d}r_{BC'}-\frac{r_{C'A'}}{r_{BA'}\cdot r_{BC'}}\mathrm{d}r_{C'A'}\right]
$$

$$
+\frac{1}{\sqrt{1-\left(\dfrac{\Delta y_{BC'}}{r_{BC'}}\right)^2}}\left(\frac{1}{r_{BC'}}\mathrm{d}\left(\Delta y_{BC'}\right)-\frac{\Delta y_{BC'}}{r_{BC'}^2}\mathrm{d}r_{BC'}\right) \tag{3-6b}
$$

根据误差传播定律[98]，对于一般函数的中误差有：设函数 $Z=f\left(x_1,x_2,\cdots,x_n\right)$，其中 $x_1,x_2,\cdots,x_n$ 属于具有中误差的独立自变量，各自变量的中误差分别为 $m_{x_1},m_{x_2},\cdots,m_{x_n}$，则函数 Z 的中误差为

$$
m_Z=\pm\sqrt{\left(\frac{\partial f}{\partial x_1}\right)^2 m_{x_1}^2+\left(\frac{\partial f}{\partial x_2}\right)^2 m_{x_2}^2+\cdots+\left(\frac{\partial f}{\partial x_n}\right)^2 m_{x_n}^2}
$$

于是得拱顶下沉的中误差计算式为

$$
m_u^2=\sin(\beta+\gamma)^2 m_{BA}^2+r_{BA}^2\sin(\beta+\gamma)^2 m_{(\beta+\gamma)}^2+\sin(\beta'+\gamma')^2 m_{BA'}^2
$$

$$
+r_{BA'}^2\sin(\beta'+\gamma')^2 m_{(\beta'+\gamma')}^2+m_{h_B}^2+m_{h_B'}^2 \tag{3-7}
$$

式中，m_u ——隧道拱顶测点 A 的中误差；

m_{BA}、$m_{BA'}$ ——隧道激光收敛仪的测线量测中误差；

$m_{(\beta+\gamma)}$ ——变形前测线 BC 与 BA 夹角和测线 BC 与水平线夹角的中误差；

$m_{(\beta'+\gamma')}$ ——变形后测线 BC'与 BA'夹角和测线 BC'与水平线夹角的中误差；

m_{h_B}、$m_{h_B'}$ ——变形前后脚点 B 的测量中误差。

对于非大变形的岩石隧道，隧道开挖后围岩的变形量相对于测线长度是微小的，即

$$\Delta r_{BA} \ll r_{BA}\text{，}\quad \Delta r_{BC} \ll r_{BC}\text{，}\quad \Delta r_{CA} \ll r_{CA}\text{，}\quad \Delta y_{BC} \approx \Delta y_{BC'}$$

因此，有

$$\beta \approx \beta'\text{，}\quad \gamma \approx \gamma'$$

则

$$\sin(\beta+\gamma) \approx \sin(\beta'+\gamma')$$
$$\cos(\beta+\gamma) \approx \cos(\beta'+\gamma')$$
$$\mathrm{d}(\beta+\gamma) \approx \mathrm{d}(\beta'+\gamma')$$

对于 $\mathrm{d}(\beta+\gamma)$，根据式（3-2）可简化为

$$\mathrm{d}(\beta+\gamma) = t_1\mathrm{d}r_{BA} + t_2\mathrm{d}r_{BC} + t_3\mathrm{d}r_{CA} + t_4\mathrm{d}(\Delta y_{BC}) \tag{3-8}$$

其中，$t_1 \sim t_4$ 分别为

$$t_1 = -\frac{1}{\sqrt{1-\left(\dfrac{r_{BA}^2+r_{BC}^2-r_{CA}^2}{2r_{BA}\cdot r_{BC}}\right)^2}}\left(\frac{1}{2r_{BC}} - \frac{r_{BC}}{2r_{BA}^2} + \frac{r_{CA}^2}{2r_{BA}^2\cdot r_{BC}}\right) \tag{3-8a}$$

$$t_2 = -\frac{1}{\sqrt{1-\left(\dfrac{r_{BA}^2+r_{BC}^2-r_{CA}^2}{2r_{BA}\cdot r_{BC}}\right)^2}}\left(\frac{1}{2r_{BA}} - \frac{r_{BA}}{2r_{BC}^2} + \frac{r_{CA}^2}{2r_{BC}^2\cdot r_{BA}}\right) + \frac{1}{\sqrt{1-\left(\dfrac{\Delta y_{BC}}{r_{BC}}\right)^2}}\frac{\Delta y_{BC}}{r_{BC}^2} \tag{3-8b}$$

$$t_3 = -\frac{1}{\sqrt{1-\left(\dfrac{r_{BA}^2+r_{BC}^2-r_{CA}^2}{2r_{BA}\cdot r_{BC}}\right)^2}}\left(-\frac{r_{CA}}{r_{BA}\cdot r_{BC}}\right) \tag{3-8c}$$

$$t_4 = -\frac{1}{\sqrt{1-\left(\dfrac{\Delta y_{BC}}{r_{BC}}\right)^2}}\frac{1}{r_{BC}} \tag{3-8d}$$

测线 BA、BC、CA 的长度 r_{BA}、r_{BC} 及 r_{CA} 由激光收敛仪量测所得，所以测线 BA、BC、CA 的中误差 $m_{BA}=m_{BC}=m_{CA}$，根据误差传播定律，$\beta+\gamma$ 的中误差为

$$m_{(\beta+\gamma)}^2 = m_{(\beta'+\gamma')}^2 = \left(t_1^2+t_2^2+t_3^2\right)m_{BA}^2 + t_4^2 m_{\Delta y_{BC}}^2 \tag{3-9}$$

以测线长度为 3m、6m、9m、12m 的等边三角形为例，根据实验室内和隧道现场的重复性测量试验结果可知，当隧道跨度为 2.8～14.4m 时，激光收敛仪的测线长度测量中误差为 0.50～0.68mm。因此，取测线 BC、BA、CA 的测量中误差为 0.68mm。m_{h_B}、$m_{h_B'}$ 为精密水准仪的高程测量中误差，DS05 自动安平精密水准仪的高程测量中误差为 0.20mm。在实际工程中，$\sin(\beta+\gamma)$ 的取值为 $\left(\dfrac{1}{2},\dfrac{\sqrt{3}}{2}\right)$，取较大值 $\dfrac{\sqrt{3}}{2}$ 代入式（3-9）求得中误差 $m_{(\beta+\gamma)}$，再代入式（3-7）求得隧道拱顶测点

A 的中误差 m_u，如表 3-5 所示。

表 3-5 不同跨度下拱顶下沉的计算中误差

项目	边长/m			
	3	6	9	12
$m_{(\beta+\gamma)}$ /（°）	1.12×10^{-7}	2.79×10^{-8}	1.24×10^{-8}	6.98×10^{-9}
m_u /mm	0.88	0.88	0.88	0.88

由表 3-5 知，$m_{(\beta+\gamma)}$ 的数量级为 10^{-8}，可以求得 $r_{BA}^2\sin(\beta+\gamma)^2 m_{(\beta+\gamma)}^2$、$r_{BA'}^2\sin(\beta'+\gamma')^2 m_{(\beta'+\gamma')}^2$ 的数量级为 10^{-8}，代入式（3-7）得到简化的拱顶下沉中误差计算式为

$$m_u=\sqrt{2\sin(\beta+\gamma)^2 m_{BA}^2+2m_{h_B}^2} \tag{3-10}$$

取测线 BC、BA、CA 的测量中误差为 0.68mm，m_{h_B}、$m_{h'_B}$ 的中误差为 0.20mm，取 $\sin(\beta+\gamma)$ 的较大值 $\frac{\sqrt{3}}{2}$，代入简化的拱顶下沉中误差计算式（3-10）得

$$m_u=\sqrt{2\times\left(\frac{\sqrt{3}}{2}\right)^2\times0.68^2+2\times0.2^2}=0.88(\text{mm}) \tag{3-11}$$

因为理论分析中各变量参数均取极大值计算，进行极值分析，使得拱顶下沉的理论计算中误差大于实测中误差（0.70mm）。

为分析拱顶下沉中误差相对于测线量测中误差的增加比，分别取测线量测中误差为 0.5mm、1.0mm，当 $\sin(\beta+\gamma)$ 的取值分别为 $\frac{1}{2}$ 和 $\frac{\sqrt{3}}{2}$ 时，其结果如表 3-6 所示。

表 3-6 拱顶下沉中误差与测线量测中误差的增加比

$\sin(\beta+\gamma)$ 取值	测线中误差/mm	拱顶下沉计算中误差/mm	拱顶下沉计算中误差/测线中误差
$\frac{1}{2}$	0.5	0.45	0.90
	1.0	0.76	0.76
$\frac{\sqrt{3}}{2}$	0.5	0.67	1.34
	1.0	1.26	1.26

从表 3-6 可以看出，当 $\sin(\beta+\gamma)$ 取极值 $\frac{\sqrt{3}}{2}$、测线量测中误差分别为 0.5mm 和 1.0mm 时，拱顶下沉计算中误差分别是测线量测中误差的 1.34 倍和 1.26 倍。要达到拱顶下沉 1.0mm 的监测精度，就必须要求测线量测的中误差小于 0.75mm。

3.3.4　激光收敛仪监测拱顶下沉测量精度的影响因素分析

激光收敛仪监测拱顶下沉的测量精度由各种因素综合影响决定，除了激光收敛仪的测距精度、激光束对准目标点的偏差及激光束与反光片的夹角，脚点初始高差和脚点不均匀沉降也是影响拱顶下沉测量精度的重要因素。

1. 脚点初始高差对拱顶下沉测量精度的影响

隧道拱顶下沉测量中，需要用水准仪测量脚点 B、C 的初始高程和变形后的高程，并代入式（3-2）～式（3-4）计算隧道的拱顶下沉。为简化测量过程，不测量脚点 B、C 的初始高程，即计算隧道拱顶下沉时不考虑脚点初始高差对隧道拱顶下沉计算结果的影响，影响百分比如表 3-7 所示。表 3-7 中的数据以三条测线组成等边三角形、三条测线同时缩小 15mm 作为算例。

表 3-7　不考虑脚点初始高差对隧道拱顶下沉计算结果的影响百分比　（单位：%）

脚点高差	隧道跨度							
	9.0m	12.0m	15.0m	18.0m	21.0m	24.0m	27.0m	30.0m
−1.0m	−5.5	−4.3	−3.5	−3.0	−2.6	−2.3	−2.0	−1.8
−0.9m	−5.0	−3.9	−3.2	−2.7	−2.3	−2.1	−1.8	−1.7
−0.8m	−4.5	−3.5	−2.9	−2.4	−2.1	−1.8	−1.6	−1.5
−0.7m	−4.0	−3.1	−2.5	−2.1	−1.8	−1.6	−1.4	−1.3
−0.6m	−3.5	−2.7	−2.2	−1.8	−1.6	−1.4	−1.2	−1.1
−0.5m	−3.0	−2.3	−1.8	−1.5	−1.3	−1.2	−1.0	−0.9
−0.4m	−2.4	−1.8	−1.5	−1.2	−1.1	−0.9	−0.8	−0.8
−0.3m	−1.8	−1.4	−1.1	−0.9	−0.8	−0.7	−0.6	−0.6
−0.2m	−1.2	−0.9	−0.8	−0.6	−0.5	−0.5	−0.4	−0.4
−0.1m	−0.6	−0.5	−0.4	−0.3	−0.3	−0.2	−0.2	−0.2
0.0m	0.0	0.0	0.0	0.0	0.0	0.0	0.0	0.0
0.1m	0.7	0.5	0.4	0.3	0.3	0.2	0.2	0.2
0.2m	1.3	1.0	0.8	0.7	0.6	0.5	0.4	0.4
0.3m	2.0	1.5	1.2	1.0	0.8	0.7	0.7	0.6
0.4m	2.7	2.0	1.6	1.3	1.1	1.0	0.9	0.8
0.5m	3.5	2.6	2.0	1.7	1.4	1.2	1.1	1.0
0.6m	4.2	3.1	2.4	2.0	1.7	1.5	1.3	1.2
0.7m	5.0	3.7	2.9	2.4	2.0	1.8	1.6	1.4
0.8m	5.8	4.2	3.3	2.7	2.3	2.0	1.8	1.6
0.9m	6.7	4.8	3.8	3.1	2.6	2.3	2.0	1.8
1.0m	7.6	5.4	4.2	3.5	2.9	2.6	2.3	2.0

注：脚点 C 高程大于脚点 B 时，脚点高差为正值；反之，脚点高差为负值。

表 3-7 的数据表明，脚点 B、C 的高差对隧道拱顶下沉计算结果的影响随着脚点高差的增大而增大，随着水平测线长度的增大而减小。当脚点 B、C 的高差 Δh_{BC} 与水平测线长度 l_{BC} 的比值为 $\frac{\Delta h_{BC}}{l_{BC}} \leqslant 5\%$ 时，不考虑脚点高差对拱顶下沉计算结果的影响小于±5%。将 $\frac{\Delta h_{BC}}{l_{BC}} \leqslant 5\%$ 换算为水平测线 BC 与水平线的夹角，当水平测线 BC 与水平线的夹角小于 2.9° 时，不考虑脚点高差对拱顶下沉计算结果的影响小于±5%。激光收敛仪内置的电子气泡精度为 0.2°，在安装时有足够的精度保证脚点 B、C 的高差满足不考虑脚点高差的计算要求。

2. 脚点不均匀沉降对拱顶下沉测量精度的影响

对于硬质岩石隧道，隧道侧壁围岩的竖向变形远小于拱顶监测点的变形。当拱顶监测点 A 的下沉值较小时，可不必量测脚点 B、C 的高程，此时，$\gamma' = \gamma$，$h_B = h'_B$，可用式（3-5）计算隧道的拱顶下沉。

当拱顶监测点 A 的下沉值达到报警值的 $\frac{1}{2}$ 时，用水准仪定期量测脚点 B、C 的高程，通过式（3-4）来修正拱顶监测点 A 的下沉值，以减少水准仪的使用频率，提高激光收敛仪监测时的工作效率。

为分析式（3-5）忽略脚点 B、C 的不均匀沉降对隧道拱顶下沉计算结果的影响，针对不同的隧道宽度以三条测线组成等边三角形、三条测线同时缩小 15mm 作为算例，对隧道拱顶下沉计算结果的影响如表 3-8 所示。

表 3-8　脚点不均匀沉降对隧道拱顶下沉计算结果的影响百分比　（单位：%）

脚点不均匀沉降值	隧道跨度							
	9.0m	12.0m	15.0m	18.0m	21.0m	24.0m	27.0m	30.0m
−20mm	329.3	333.7	331.3	331.8	332.2	332.5	332.7	332.8
−10mm	62.3	62.6	62.4	62.4	62.5	62.5	62.5	62.5
−5mm	23.8	23.8	23.8	23.8	23.8	23.8	23.8	23.8
−4mm	18.2	18.2	18.2	18.2	18.2	18.2	18.2	18.2
−3mm	13.0	13.1	13.0	13.0	13.0	13.0	13.0	13.0
−2mm	8.3	8.3	8.3	8.3	8.3	8.3	8.3	8.3
−1mm	4.0	4.0	4.0	4.0	4.0	4.0	4.0	4.0
0mm	0.0	0.0	0.0	0.0	0.0	0.0	0.0	0.0
1mm	−3.7	−3.7	−3.7	−3.7	−3.7	−3.7	−3.7	−3.7
2mm	−7.1	−7.2	−7.1	−7.1	−7.1	−7.1	−7.1	−7.1
3mm	−10.3	−10.4	−10.3	−10.3	−10.3	−10.3	−10.3	−10.3
4mm	−13.3	−13.4	−13.3	−13.3	−13.3	−13.3	−13.3	−13.3

续表

脚点不均匀沉降值	隧道跨度							
	9.0m	12.0m	15.0m	18.0m	21.0m	24.0m	27.0m	30.0m
5mm	−16.1	−16.2	−16.1	−16.1	−16.1	−16.1	−16.1	−16.1
10mm	−27.8	−27.8	−27.8	−27.8	−27.8	−27.8	−27.8	−27.8
20mm	−43.5	−43.6	−43.5	−43.5	−43.5	−43.5	−43.5	−43.5

注：脚点 C 高程大于脚点 B 时，脚点高差为正值；反之，脚点高差为负值。

从表 3-8 可以看出，脚点 B、C 的不均匀沉降对隧道拱顶下沉计算结果的影响随着脚点不均匀沉降值的增大而增大，且基本与隧道跨度无关；基本呈现为，脚点不均匀沉降对拱顶下沉计算结果的影响约为不均匀沉降值的 1/2。

由于脚点 B、C 的不均匀沉降对隧道拱顶下沉计算结果的影响非常显著，激光收敛仪的精度指标为±1.0mm，这就要求脚点 B、C 的不均匀沉降值不能超过 2mm。因此，在实际的监测过程中，定期使用水准仪测量脚点 B、C 高程，通过式（3-4）来修正拱顶监测点 A 的下沉值是必要的。

第 4 章　智能激光收敛仪监测基坑围护结构变形

4.1　基坑围护结构变形常规监测方法简介

由于基坑设计理论的局限性、施工的不可预见性、地层性质的变异性、周边环境的错综复杂性，深基坑施工所造成的基坑坍塌、建筑物或道路开裂、管线爆裂等事故屡有发生[99]，造成了巨大的经济损失。唐业清对全国 160 余项深基坑事故进行了细致的调查分析，认为基坑工程事故大多与监测不力或险情预报不准确有关[100]。如果能通过基坑工程监测准确而及时地预报险情，并采取相应的应急措施，就可以防止重大事故的发生，或者可以将事故所造成的损失降低到最小。对于一级、二级基坑，《建筑基坑工程监测技术标准》（GB 50497—2019）规定：基坑围护结构顶部水平位移，围护结构深层水平位移为应测项目[54]。

基坑围护结构深层水平位移一般通过在围护结构中埋设测斜管用测斜仪进行测量，但测斜管埋设复杂、测量成本高、测量结果不稳定。国内外已有一些基于激光测距原理对基坑围护结构不同深度处水平位移进行测量的研究[64,101]，其中涉及的装置在整个测量期间都需要将激光测距传感器固定安装在每一层基坑围护结构上，每条测线都要安装相应的固定装置，用量大、费用高。此外，这些固定式装置很容易受到爆破振动和机械碰撞的影响，从而影响测量精度，甚至遭到破坏，因而没有在工程实际中广泛应用。

基坑顶部水平位移的测量方法主要有轴线法、小角度法、极坐标法和前方交会法[55]。前两种方法采用经纬仪及钢尺进行测量，监测基点须选在距离基坑不远处的不动点上，当距离较长时，从经纬仪读取钢尺读数的精度较低。全站仪坐标变化法通过全站仪同时测定夹角及距离，利用换算公式计算得到基坑围护结构的水平位移，其测量过程烦琐，施测精度为毫米级，难以满足高精度的变形监测要求。因此，有必要进一步研究新的基坑顶部水平位移和围护结构深层水平位移的监测方法，以及开发新的监测仪器，来改善基坑顶部水平位移和围护结构深层水平位移的监测现状。

4.2　基坑顶部水平位移的监测原理及方法

4.2.1　监测原理

激光收敛仪适用于基坑围护结构两侧基本平行时的顶部水平位移监测，基坑顶部水平位移可分为长边和短边两个方向。

1．基坑长边顶部水平位移监测

激光收敛仪监测基坑长边顶部水平位移的工作原理示意图如图 4-1 所示。基坑开挖前，在基坑围护结构角部选择和布设不动的基准点 B_1，在基坑的两个长边围护结构上分别布设监测点，开挖前的监测点分别为 B_i、$C_{i+1}(i=1,2,\cdots,n)$，开挖后相应的监测点变为 B_i'、C_{i+1}'。

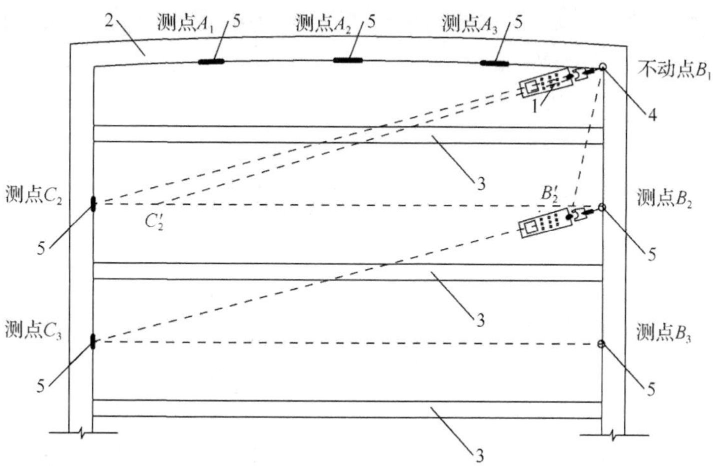

1—激光收敛仪；2—基坑围护结构；3—基坑横向支撑；4—基准点；5—顶部水平位移监测点。

图 4-1　激光收敛仪监测基坑长边顶部水平位移的工作原理示意图

基坑开挖前，用激光收敛仪测得 B_i 与 B_{i+1} 之间的距离 $r_{B_iB_{i+1}}$、B_i 与 C_{i+1} 之间的距离 $r_{B_iC_{i+1}}$、B_{i+1} 与 C_{i+1} 之间的距离 $r_{B_{i+1}C_{i+1}}$，其中 $i=1,2,\cdots,n$；基坑开挖后，再次用激光收敛仪测出 B_i' 与 C_{i+1}' 之间的距离 $r_{B_i'C_{i+1}'}$、B_{i+1}' 与 C_{i+1}' 之间的距离 $r_{B_{i+1}'C_{i+1}'}$，其中 $i=1,2,\cdots,n$。

假设选定基坑围护结构角部的点 B_1 为不动基准点时，即当 $i=1$ 时，基坑开挖后基准点 B_1 的水平位移 $\delta_{B_1}=0$。根据上述测量得到的距离 $r_{B_iB_{i+1}}$、$r_{B_{i+1}C_{i+1}}$、$r_{B'_iC'_{i+1}}$、$r_{B_{i+1}'C_{i+1}'}$，可以计算得到基坑围护结构长边各监测点 B_{i+1}、$C_{i+1}(i=1,2,\cdots,n)$的水平位移，计算式如式（4-1）～式（4-3）：

$$\delta_{B_{i+1}C_{i+1}} = r_{B_{i+1}C_{i+1}} - r_{B'_{i+1}C'_{i+1}} \tag{4-1}$$

$$\delta_{C_{i+1}} = r_{B_{i+1}C_{i+1}} - \sqrt{r^2_{B'_iC'_{i+1}} - r^2_{B_iB_{i+1}}} - \delta_{B_i} \tag{4-2}$$

$$\delta_{B_{i+1}} = \delta_{B_{i+1}C_{i+1}} - \delta_{C_{i+1}} \tag{4-3}$$

式中，$\delta_{B_{i+1}C_{i+1}}$——监测点B_{i+1}、C_{i+1}之间的相对水平位移；

$r_{B_{i+1}C_{i+1}}$——基坑开挖前监测点B_{i+1}、C_{i+1}之间的距离；

$r_{B'_iC'_{i+1}}$——基坑开挖后监测点B'_i与C'_{i+1}之间的距离；

$r_{B_iB_{i+1}}$——基坑开挖前监测点B_i与B_{i+1}之间的距离；

$r_{B'_{i+1}C'_{i+1}}$——基坑开挖后监测点B'_{i+1}与C'_{i+1}之间的距离；

$\delta_{C_{i+1}}$——监测点C_{i+1}的绝对水平位移；

$\delta_{B_{i+1}}$——监测点B_{i+1}的绝对水平位移。

2. 基坑短边顶部水平位移监测

激光收敛仪监测基坑短边顶部水平位移的工作原理示意图如图 4-2 所示。基坑开挖前，在基坑围护结构的短边上布设监测点$A_i\,(i=1,2,\cdots,n)$，在基坑围护结构相邻的两个长边上分别设置监测点B_2、C_2。基坑开挖后，对应的监测点变为$A'_i\,(i=1,2,\cdots,n)$、B'_2和C'_2。

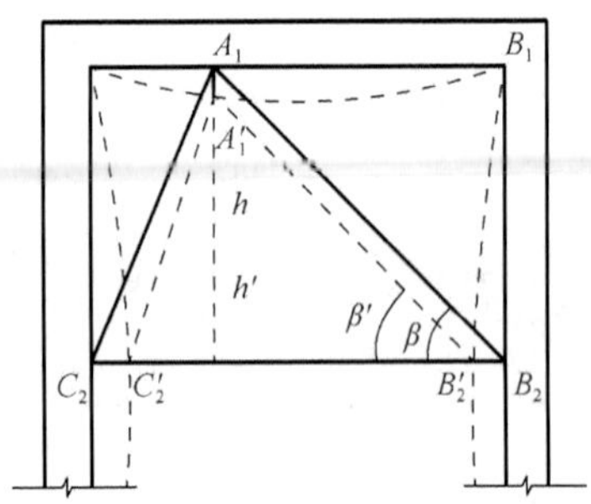

图 4-2　激光收敛仪监测基坑短边顶部水平位移的工作原理示意图

基坑开挖前，用激光收敛仪分别测得监测点B_2与C_2之间的距离$r_{B_2C_2}$，监测点B_2与A_i之间的距离$r_{B_2A_i}$，以及监测点C_2与A_i之间的距离$r_{C_2A_i}$；基坑开挖后，再次用激光收敛仪分别测得监测点B'_2与C'_2之间的距离$r_{B'_2C'_2}$、监测点B'_2与A'_i之间的距离$r_{B'_2A'_i}$及监测点C'_2与A'_i之间的距离$r_{C'_2A'_i}$。

根据上述测量得到的距离$r_{B_2C_2}$、$r_{B_2A_i}$、$r_{C_2A_i}$、$r_{B'_2C'_2}$、$r_{B'_2A'_i}$及$r_{C'_2A'_i}$，可以计算得到基坑围护结构短边监测点$A_i\,(i=1,2,\cdots,n)$的水平位移，计算式如式（4-4）：

$$\delta_{A_i} = h - h' = r_{B_2A_i}\sin\beta - r_{B'_2A'_i}\sin\beta' \tag{4-4}$$

其中，

$$\beta = \arccos\frac{r_{B_2A_i}^2 + r_{B_2C_2}^2 - r_{C_2A_i}^2}{2r_{B_2A_i} \cdot r_{B_2C_2}} \tag{4-4a}$$

$$\beta' = \arccos\frac{r_{B_2'A_i'}^2 + r_{B_2'C_2'}^2 - r_{C_2'A_i'}^2}{2r_{B_2'A_i'} \cdot r_{B_2'C_2'}} \tag{4-4b}$$

式中，δ_{A_i} ——监测点 A_i 的绝对水平位移；

h ——基坑变形前监测点 A_i 到测线 B_2C_2 的距离；

h' ——基坑变形后监测点 A_i' 到测线 $B_2'C_2'$ 的距离；

β ——测线 B_2A_i 、 B_2C_2 之间的夹角；

β' ——测线 $B_2'A_i'$ 、 $B_2'C_2'$ 之间的夹角。

4.2.2　监测方法

根据激光收敛仪监测基坑围护结构顶部水平位移的工作原理，在实际工程中使用激光收敛仪监测基坑顶部水平位移时，应确保激光收敛仪有精确对中和微调装置，也可以选用其他能够达到精度要求的激光测距仪器（测量精度一般不低于±1mm），具体可分为对长边和短边两个方向的监测。具体实施方法如下。

1. 基坑长边顶部水平位移监测

基坑围护结构圈梁施工完成后，按照图 4-1 所示，在基坑的一个角点布设不动基准点 B_1 ，并在不动基准点 B_1 处安装合页反光片。在基坑围护结构顶部两道支撑的中部每隔 8～15m 设置基坑顶部水平位移监测点 C_2 、 C_3 、…、 C_i ，在监测点处的围护结构圈梁上布设合页反光片。在基准点 B_1 所在的边上，与监测点 C_2 、 C_3 、…、 C_i 垂直的位置设置基坑顶部水平位移监测点 B_2 、 B_3 、…、 B_i ，并使用电锤在围护结构圈梁上成孔，埋设膨胀螺栓，在膨胀螺栓上安装对准调节装置的转换公头，形成激光收敛仪的固定装置。

在基坑开挖前，将激光收敛仪对准调节装置底部的转换母头插入基准点 B_1 处的转换公头上，旋紧锁死螺母，完成仪器的安装工作。打开激光收敛仪，选择主机的编辑功能命令设置本次监测的项目名称、断面编号、测线编号。

打开激光收敛仪的激光束，调节对准调节装置，使激光收敛仪的激光束对准监测点 C_2 处的反光片目标点，静等 3～5s，触发无线遥控按钮对 B_1C_2 测线进行长度测量，仪器将自动记录并保存测量结果，完成对 B_1C_2 测线的长度测量。

依次将激光收敛仪对准调节装置底部的转换母头插入监测点 B_2 、 B_3 、…、 B_i 处的转换公头上，旋紧锁死螺母，完成仪器的安装工作。调节对准调节装置，使激光收敛仪的激光束对准监测点 C_2 、 C_3 、…、 C_i 处的反光片目标点，触发无线遥控按钮完成 B_2C_2 、 B_2C_3 ， B_3C_3 、 B_3C_4 ，…， B_iC_i 、 B_iC_{i+1} $(i = 2,3,\cdots,n)$ 测线的长度测量。

基坑开挖后，按照规定的测量频率（一般每天一次），将激光收敛仪对准调节装置底部的转换母头依次插入基准点 B_1、B_2、B_3、…、B_i 处的转换公头上，旋紧锁死螺母，完成仪器的安装工作。使用激光收敛仪依次测得 B_1C_2，B_2C_2、B_2C_3，…，B_iC_i、B_iC_{i+1} $(i=2,3,\cdots,n)$ 测线的长度。

根据上述测线的测量结果，利用式（4-1）～式（4-3）计算 B_i、C_i $(i=1,2,\cdots,n)$ 点的绝对水平位移。

2. 基坑短边顶部水平位移监测

基坑围护结构圈梁施工完成后，按照图 4-2 所示，在基坑长边顶部水平位移的监测点 B_2、C_2 处用电锤在围护结构圈梁上成孔，埋设膨胀螺栓，在膨胀螺栓上安装对准调节装置的转换公头，形成激光收敛仪的固定装置。

在基坑围护结构圈梁的短边上设置监测点 A_i $(i=1,2,\cdots,n)$，并在监测点 A_i $(i=1,2,\cdots,n)$ 处布设合页反光片，调节反光片合页的角度，使激光束尽可能垂直于反光片。

基坑开挖前，将激光收敛仪对准调节装置底部的转换母头插入 B_2 处的转换公头上，旋紧锁死螺母，完成仪器的安装工作。打开激光收敛仪，选择主机的编辑功能命令设置本次监测的项目名称、断面编号、测线编号。

打开激光收敛仪的激光束，调节对准调节装置，使激光收敛仪的激光束对准监测点 C_2 和 A_i $(i=1,2,\cdots,n)$ 处的反光片目标点，静等 3～5s，触发无线遥控按钮对 B_2C_2 和 B_2A_i $(i=1,2,\cdots,n)$ 测线进行长度测量，仪器自动记录并保存测量结果，完成对 B_2C_2 和 B_2A_i $(i=1,2,\cdots,n)$ 测线的长度测量。

将激光收敛仪对准调节装置底部的转换母头插入 C_2 处的转换公头上，旋紧锁死螺母，完成仪器的安装工作。调节对准调节装置，使激光收敛仪的激光束对准监测点 A_i $(i=1,2,\cdots,n)$ 处的反光片目标点，触发无线遥控按钮完成 C_2A_i $(i=1,2,\cdots,n)$ 测线的长度测量。

基坑开挖后，按照规定的测量频率（一般每天一次），将激光收敛仪对准调节装置底部的转换母头依次插入 B_2 和 C_2 处的转换公头上，旋紧锁死螺母，完成仪器的安装。使用激光收敛仪依次测得 B_2C_2、B_2A_i、C_2A_i $(i=1,2,\cdots,n)$ 测线的长度。

根据上述测线长度的测量结果，利用式（4-4）计算监测点 A_i $(i=1,2,\cdots,n)$ 的绝对水平位移。

4.3 基坑围护结构深层水平位移的监测原理及方法

4.3.1 监测原理

激光收敛仪监测基坑围护结构深层水平位移（测斜）的原理示意图如图 4-3

所示。根据基坑监测方案选择监测断面，在基坑围护结构的一侧安装激光收敛仪固定装置，随着土体的开挖在另一侧围护结构上分层安装反光片。测量时将激光收敛仪主机安装到布设在基坑围檩的固定装置上，完成面板的编辑功能设置后，转动对准调节装置使激光点对准反光片，开始监测工作。

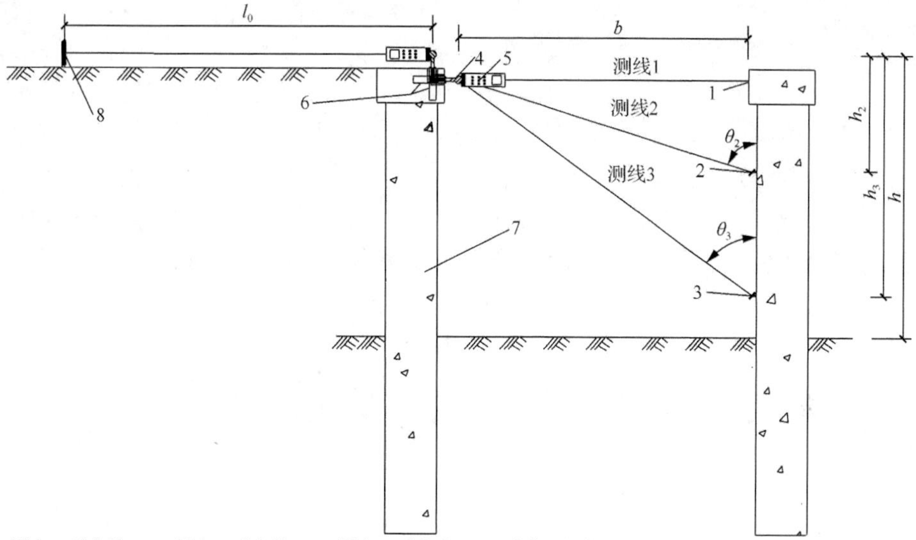

1—测点 1 反光片；2—测点 2 反光片；3—测点 3 反光片；4—对准调节装置；5—激光收敛仪主机；6—膨胀螺栓；7—基坑围护结构（墙或桩）；8—绝对位移量测基准点。

图 4-3　激光收敛仪监测基坑围护结构深层水平位移的原理示意图

以基坑围护结构测点 k 的深层水平位移变形计算为例，测点 k 与仪器固定点相对距离的变化值在水平线上的投影就是测点 k 与仪器固定点的相对水平位移，测点 k 与仪器固定点的绝对水平位移的差值即是测点 k 的相对水平位移，即

$$\delta'_{k,i} = \frac{\Delta l_{k,i}}{\sin\theta_{ki}} \tag{4-5}$$

其中，

$$\theta_{ki} = \arctan\left(\frac{b}{h_k}\right) \tag{4-5a}$$

式中，$\delta'_{k,i}$——测点 k 与仪器固定点的相对水平位移；

$\Delta l_{k,i}$——测点 k 与仪器固定点在第 i 次测量时的变化值，$\Delta l_{k,i} = l_{k,i} - l_{k,i-1}$，$l_{k,i}$ 为测点 k 与仪器固定点在第 i 次测量时的长度，$l_{k,i-1}$ 为测点 k 与仪器固定点在第 $i-1$ 次测量时的长度；

b——测点 k 与仪器固定点之间的初始水平距离，即测线 1 的初始长度 $l_{1,0}$；

h_k——测点 k 与第一个测点间的高程差。

以上测得的是各测点与仪器固定点的相对水平位移值，仪器固定点的绝对水

平位移值可由其他仪器测得，所以各测点的绝对累计水平位移值计算式为

$$\varDelta_{k,i} = \varDelta_{k,i-1} + \delta'_{k,i} - \delta_i \tag{4-6}$$

式中，$\varDelta_{k,i}$——测点 k 第 i 次测量时相对于仪器固定点的累计水平位移；

$\varDelta_{k,i-1}$——测点 k 第 $i-1$ 次测量时相对于仪器固定点的累计水平位移；

$\delta'_{k,i}$——测点 k 第 i 次测量时相对于仪器固定点的相对水平位移；

δ_i——仪器固定点第 i 次测量时的水平位移。

如图 4-4 所示，随着基坑土体深层开挖，设 δ_{1k} 为测点 1 在第①层土开挖完后测得的水平位移值；测点 2 是在第①层土开挖完后才布设的，测得的水平位移值 δ_{2k} 没有计入测点 2 在第①层土开挖过程中的位移，为此，取第①层土开挖完后累计水平位移值 $\varDelta_{k,i}$ 的 0.85 倍，即 0.85 $\varDelta_{k,i}$ 作为测点 2 在包含第①层土开挖过程中的位移近似修正值。测点 3、测点 4 等的水平位移修正也依此类推。

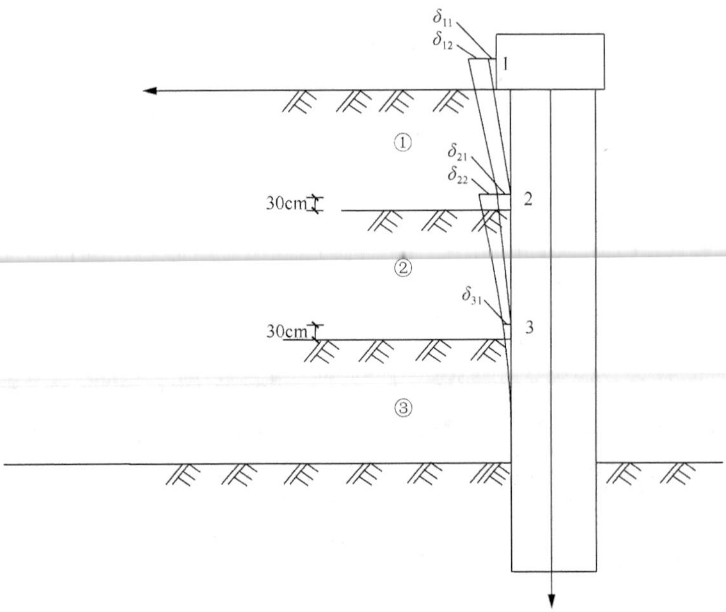

图 4-4　土体分层开挖水平位移修正示意图

所以修正的计算式为

$$\varDelta_{k,0} = 0.85\varDelta_{k-1,i} \tag{4-7}$$

式中，$\varDelta_{k,0}$——测点 k 的初始位移近似修正值；

$\varDelta_{k-1,i}$——测点 k 首次测量时，测点 k–1 的累计绝对水平位移。

4.3.2　监测方法

激光收敛仪监测基坑围护结构深层水平位移的具体实施方法如下。

在基坑围护结构（圈梁）施工完成后，根据图 4-3 所示的监测原理，在基坑一侧的围护结构圈梁上使用电锤成孔，埋设膨胀螺栓，并在膨胀螺栓上安装转换公头，形成激光收敛仪的固定装置。在围护结构的对侧设置监测点 1，安装合页反光片，调节反光片合页的角度，使激光束尽可能垂直于反光片。

在布设有激光收敛仪固定装置的围护结构同侧选定监测基准点 8，并在该处固定反光片，基准点与固定装置的间距一般应大于 5 倍基坑开挖深度，即 $l_0 \geqslant 5h$，其高程与球面接触定线装置安装点高程基本一致。

监测时，将激光收敛仪对准调节装置底部的转换母头插入固定装置的转换公头上，旋紧锁死螺母，完成仪器的安装工作。打开激光收敛仪，选择主机的编辑功能命令设置本次监测的项目名称、断面编号、测线编号。打开激光收敛仪的激光束，调节对准调节装置，使激光收敛仪的激光束对准固定点 8 处的反光片目标点，静等 3～5s，触发无线遥控按钮完成固定点与仪器间的距离测量。重复上述测量步骤，本次读数与初次读数的差值即为激光收敛仪的绝对水平位移。

用同样的方法，调节对准调节装置使激光束对准监测点 1 处反光片目标点，触发无线遥控按钮完成测线 1 的距离测量，测线 1 的长度变化值为激光收敛仪与测点 1 间的相对水平位移，结合激光收敛仪的绝对水平位移求得测点 1 的绝对水平位移。

随着基坑的开挖，按要求依次在测点 2、3、4……处布设合页反光片，调节反光片的角度，尽量使激光收敛仪的激光束与反光片垂直。

调节对准调节装置，使激光束依次对准监测点 2、3、4……处的反光片目标点，用激光收敛仪依次测得测线 2、测线 3、测线 4……的长度，根据各条测线的测量结果，利用式（4-5）和式（4-7）求得各测点的绝对水平位移。

4.4　基坑围护结构变形监测的精度分析

为了分析激光收敛仪监测基坑顶部水平位移和围护结构深层水平位移的测量精度，在上海地铁 9 号线三期平度路区间车站基坑和 13 号线二期陈春东路区间车站 3 号出入口基坑进行了现场测试。通过与测斜仪、徕卡 TC2003 全站仪对基坑围护结构变形的监测结果对比，分析了激光收敛仪监测基坑顶部水平位移和围护结构深层水平位移的测量精度。

平度路区间车站总长 313.4m（外皮）、宽 21.94m（外皮）、开挖深度 18.0～21.0m，基坑围护结构采用地下连续墙加内支撑体系，内支撑结构采用顶部一道钢筋混凝土支撑加三道钢支撑（图 4-5）。陈春东路区间车站 3 号出入口总长 52m（外皮）、宽 8.65m（外皮）、开挖深度 10.0～11.5m，基坑围护结构采用 600mm 厚地下连续墙加内支撑体系，内支撑结构采用顶部一道钢筋混凝土支撑加局部两道至三道钢支撑（图 4-6）。

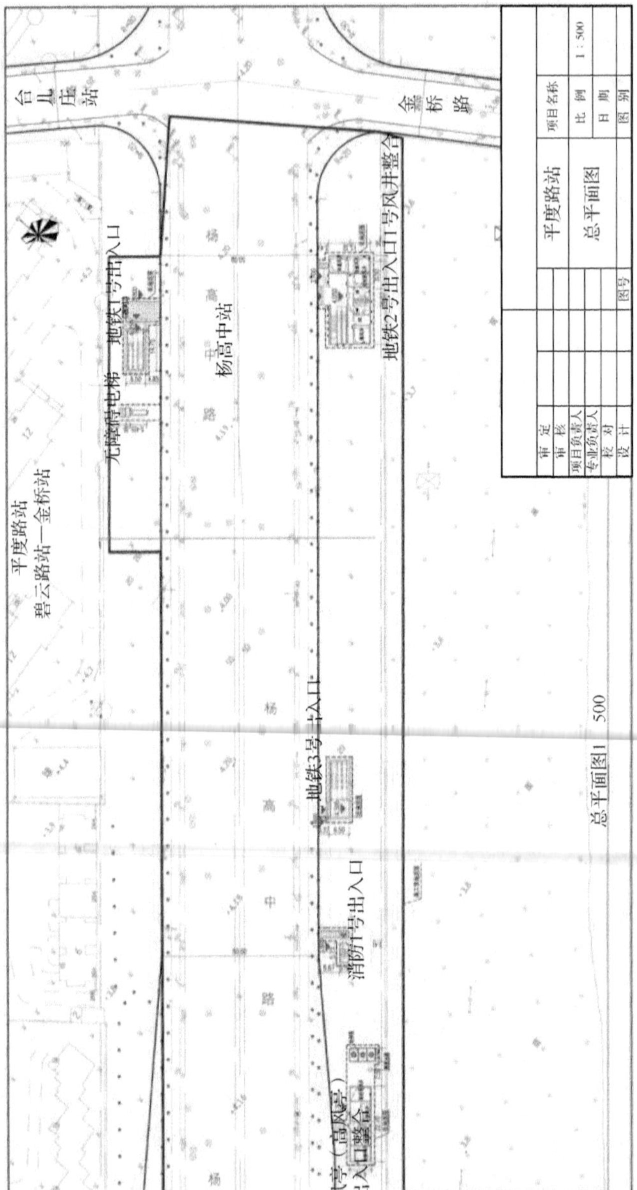

图 4-5　上海地铁 9 号线三期平度路区间车站总平面图

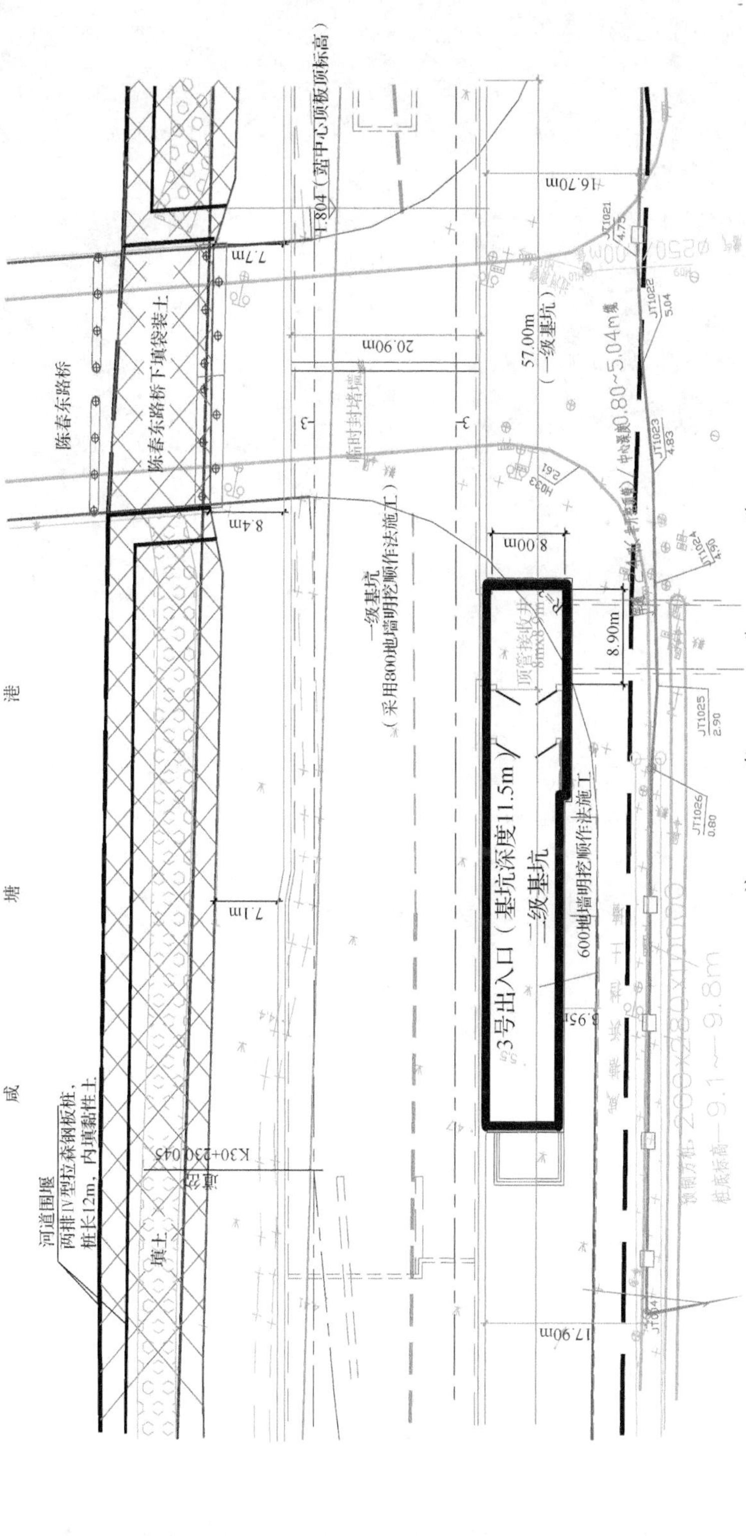

图 4-6　陈春东路区间车站 3 号出入口平面图

4.4.1　基坑顶部水平位移精度分析

在上海地铁 9 号线三期平度路区间车站基坑和 13 号线二期陈春东路区间车站 3 号出入口基坑的围护结构顶部布设激光收敛仪固定装置和监测点反光片，按照 4.2.2 节进行现场测试（图 4-7）。

（a）激光收敛仪现场测试照片　　（b）基坑围护结构顶部水平位移监测点

图 4-7　激光收敛仪基坑顶部水平位移现场实测照片

1. 基坑短边顶部水平位移现场测试

1）上海地铁 9 号线三期平度路区间车站基坑测试

在上海地铁 9 号线三期平度路区间车站基坑的一侧端头井顶部，按照图 4-8 所示布设了三个顶部水平位移监测点 A_1、A_2、A_3 和两个激光收敛仪固定安装点 B、C。由于端头井的开挖工作已经完成并浇筑了底板，基坑顶部的变形已基本稳定，且在测试期间未进行支撑拆除工作。因此，可认为此次测试是精度重复性测量试验。

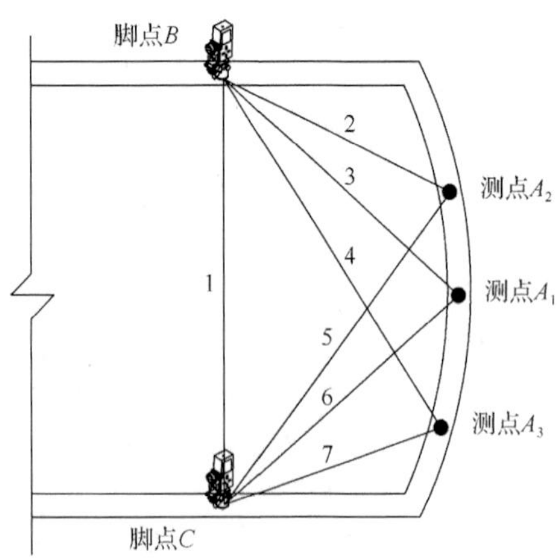

图 4-8　平度路区间车站基坑短边顶部水平位移测点布设示意图

现场共进行了 16 次测量（每天测量一次），激光收敛仪的 7 条测线长度如表 4-1 所示。按照式（4-4）处理测试数据后得到 15 个误差结果，各次测量的误差分布如图 4-9 所示，整理得到最大正误差、最大负误差、方差、中误差等精度评价指标结果如表 4-2 所示。

表 4-1　平度路区间车站基坑短边顶部水平位移测线长度

项目	测线号						
	1	2	3	4	5	6	7
测线长度/m	21.1528	23.0358	20.0232	16.3666	24.1304	20.1030	17.8583

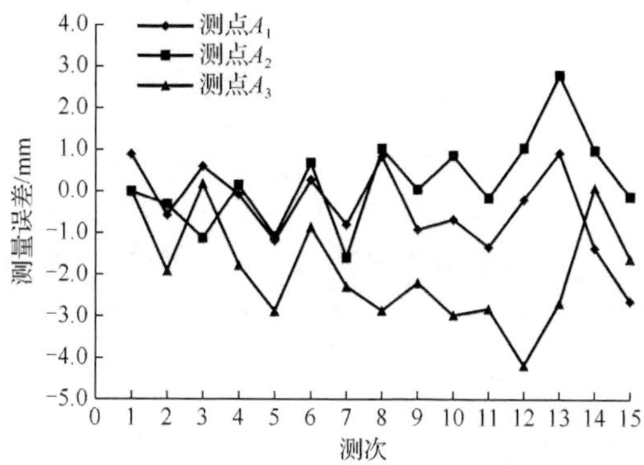

图 4-9　平度路区间车站基坑短边顶部水平位移各次测量的误差分布图

表 4-2　平度路区间车站基坑顶部水平位移现场测试结果（短边方向）

测点	均值/mm	最大正误差/mm	最大负误差/mm	方差/mm^2	中误差/mm	备注
测点 A_1	−0.4	0.9	−2.6	1.04	1.02	
测点 A_2	0.3	2.8	−1.6	1.22	1.10	
测点 A_3	−2.1	0.2	−4.2	1.37	1.17	测点被破坏

图 4-9 表明，测点 A_1、A_2 的误差比较均匀地分布在 0 附近，而测点 A_3 在施工期间遭到轻微破坏，导致测点 A_3 的误差分布明显偏离 0。从表 4-2 得到，平度路区间车站测试得到基坑围护结构短边顶部水平位移测点 A_1、A_2 的最大正误差为 2.8mm，最大负误差为−2.6mm，测点 A_1、A_2 的中误差分别为 1.02mm 和 1.10mm，基本达到了±1.0mm 的测量精度要求。

2）上海地铁 13 号线二期陈春东路区间车站 3 号出入口基坑测试

在上海地铁 13 号线二期陈春东路区间车站 3 号出入口基坑西侧端部，按照图 4-10 所示布设了一个短边顶部水平位移监测点 A 和两个激光收敛仪固定安装点 B_2、C_2；同时与徕卡 TC2003 全站仪测角交会法测量进行了对比监测，徕卡 TC2003 全站仪的标称测角精度为 0.5″，测距精度为 $1\text{mm}+1\times10^{-6}D$（$D$ 为测程，单位为 km）。

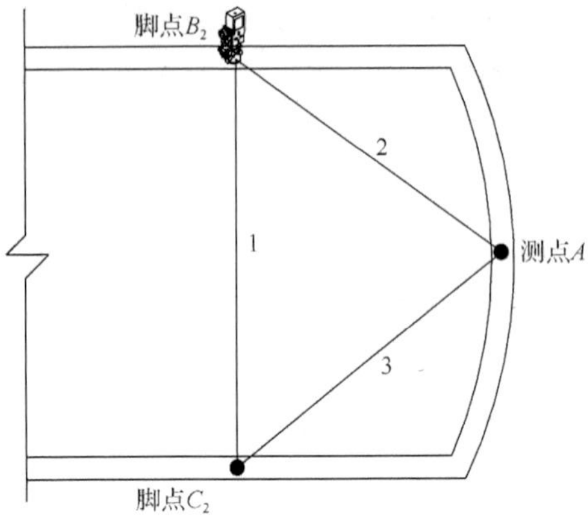

图 4-10　陈春东路区间车站基坑短边顶部水平位移测点布设示意图

测试时间为 12 月 3～31 日，激光收敛仪的 3 条测线长度如表 4-3 所示。按照式（4-4）处理激光收敛仪的监测数据得到基坑短边顶部水平位移，并与徕卡 TC2003 全站仪测角交会法的测量成果进行对比，如表 4-4 所示，测量得到的顶部水平位移对比如图 4-11 所示。

表 4-3　陈春东路区间车站基坑短边顶部水平位移测线长度

项目	测线号		
	1	2	3
测线长度/m	8.8567	8.8567	8.8567

表 4-4　激光收敛仪与徕卡 TC2003 全站仪基坑短边顶部水平位移监测结果对比

日期	激光收敛仪/mm	徕卡 TC2003/mm	差值/mm	平衡首次测量 0.6mm 差值
12-03	0.0	0.6	−0.6	0.0
12-11	1.3	1.5	−0.2	0.4
12-13	1.4	1.1	0.3	0.9
12-14	0.6	1.5	−0.9	−0.3
12-15	0.8	1.7	−0.9	−0.3
12-18	0.9	1.5	−0.6	0.0
12-19	1.0	1.7	−0.7	−0.1
12-21	1.2	2.0	−0.8	−0.2
12-22	1.5	1.8	−0.3	0.3
12-27	0.7	2.0	−1.3	−0.7
12-28	1.1	2.1	−1.0	−0.4
12-29	2.2	1.8	0.4	1.0

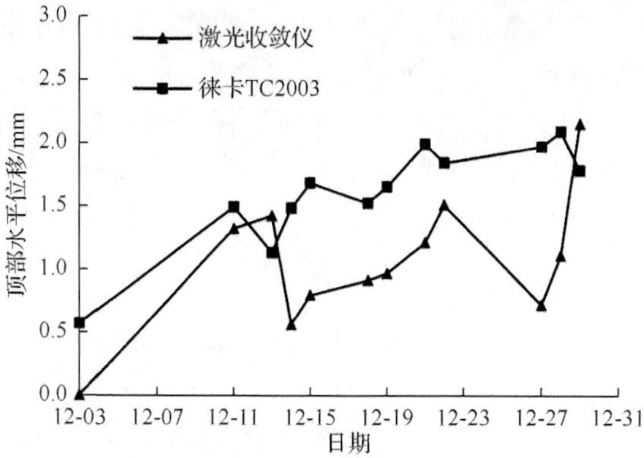

图 4-11　激光收敛仪与徕卡 TC2003 全站仪基坑短边顶部水平位移监测结果对比

使用激光收敛仪的首次测量在 12 月 3 日，此时使用徕卡 TC2003 全站仪的测量结果为 0.6mm，平衡全站仪首次测量的 0.6mm 差值后，激光收敛仪和徕卡 TC2003 全站仪测角交会法的各次基坑短边顶部水平位移测量差值不大于±1.0mm，最大正差值为 1.0mm，最大负差值为−0.7mm，基本达到了±1.0mm 的测量精度要求。

2. 基坑长边顶部水平位移现场测试

1）平度路区间车站基坑测试

在平度路区间车站基坑一端端头井的顶部，如图 4-12 所示，在基坑角部布设了一个不动点 B_1，在基坑两侧分别布设了三个长边顶部水平位移监测点 B_2、B_3、B_4 和 C_2、C_3、C_4。由于端头井的开挖工作已经完成并浇筑了顶板，基坑顶部的变形已基本稳定，且在测试期间未进行支撑拆除工作。因此，可认为此次测试是精度重复性测量试验。

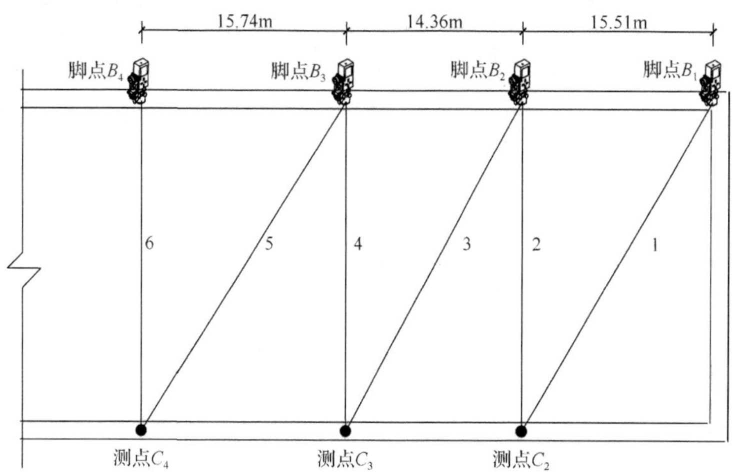

图 4-12　平度路区间车站基坑长边顶部水平位移测点布设示意图

现场共进行了 16 次测量（每天测量一次），激光收敛仪的 6 条测线长度如表 4-5 所示。按照式（4-1）～式（4-3）处理数据后得到 15 个测量误差结果。测点 *B* 系列的各次测量误差分布如图 4-13 所示，整理得到最大正误差、最大负误差、方差、中误差等精度评价指标结果如表 4-6 所示；测点 *C* 系列的各次测量误差分布如图 4-14 所示，整理得到最大正误差、最大负误差、方差、中误差等精度评价指标结果如表 4-7 所示。

表 4-5　平度路区间车站基坑长边顶部水平位移测线长度

项目	测线号					
	1	2	3	4	5	6
测线长度/m	26.3847	26.3847	26.3847	26.3847	26.3847	26.3847

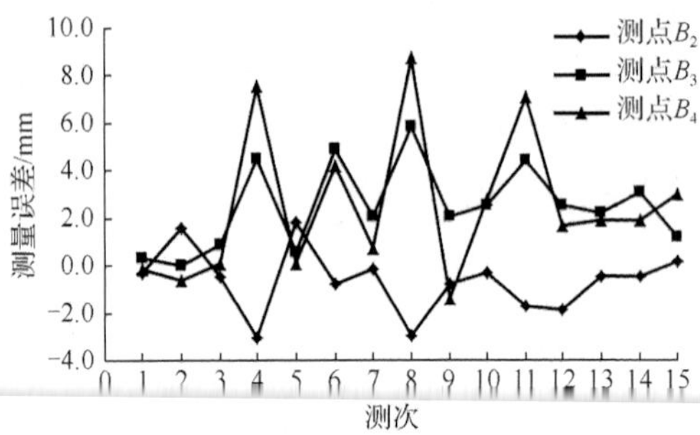

图 4-13　平度路区间车站测点 *B* 系列长边顶部水平位移各次测量误差分布图

表 4-6　平度路区间车站测点 *B* 系列长边顶部水平位移现场测试结果

测点	均值/mm	最大正误差/mm	最大负误差/mm	方差/mm^2	中误差/mm
B_2	−0.6	1.8	−3.0	1.86	1.36
B_3	2.3	5.9	0.0	3.14	1.77
B_4	2.4	8.7	−1.4	9.71	3.08

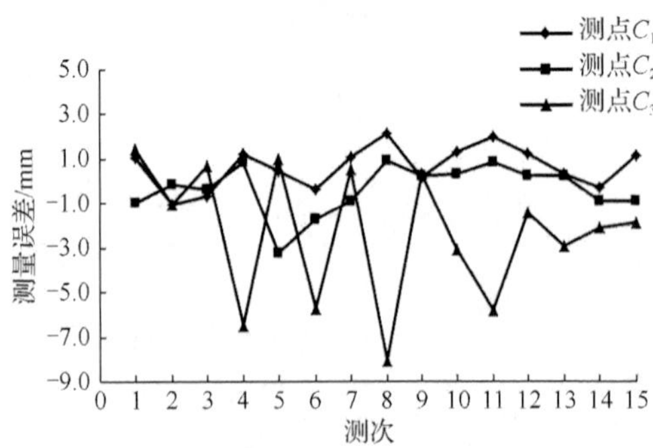

图 4-14　平度路区间车站测点 *C* 系列长边顶部水平位移各次测量误差分布图

表 4-7　平度路区间车站测点 C 系列长边顶部水平位移现场测试结果

测点	均值/mm	最大正误差/mm	最大负误差/mm	方差/mm^2	中误差/mm
C_2	0.6	2.1	−1.0	0.88	0.94
C_3	−0.4	0.9	−3.2	1.25	1.12
C_4	−2.2	1.5	−8.1	9.12	3.02

图 4-13 和图 4-14 表明，激光收敛仪测量基坑长边顶部水平位移的误差分布离散性比较大，并未在 0 值附近波动。由表 4-6 和表 4-7 得出，测试得到的基坑围护结构长边顶部水平位移的中误差除测点 C_2 为 0.94mm 外（小于 1mm），其他 5 个测点的中误差都大于 1mm，最大中误差为 3.08m。测试数据表明，测点的中误差随测点数的增加而增大。这是因为新测点以上一个测点为基点进行计算，上一个测点的误差会直接带入新测点，测点数越多，误差就会越来越大。但前三个测点的中误差基本小于±3mm，通过在中部引入参考基准点，并采用一定的测量平差方法，可以将长边顶部水平位移的测量中误差控制在±3mm 内。

2）陈春东路区间车站 3 号出入口基坑测试

在陈春东路区间车站 3 号出入口的基坑围护结构顶部，如图 4-15 所示，在基坑角部布设了两个不动点 B_1 和 C_5，在基坑两侧分别布设了三个长边顶部水平位移监测点 B_2、B_3、B_4 和 C_2、C_3、C_4。对比监测为徕卡 TC2003 全站仪测角交会法测量，徕卡 TC2003 全站仪的标称测角精度为 0.5″，测距精度为 $1mm+1\times10^{-6}D$（D 为测程，单位为 km）。因为陈春东路区间车站 3 号出入口基坑一侧为区间车站，3 号出入口与区间车站共用 800mm 厚的地下连续墙，区间车站已经完成了主体结构浇筑并重新覆土，因此此侧的地下连续墙顶部的水平位移为 0。

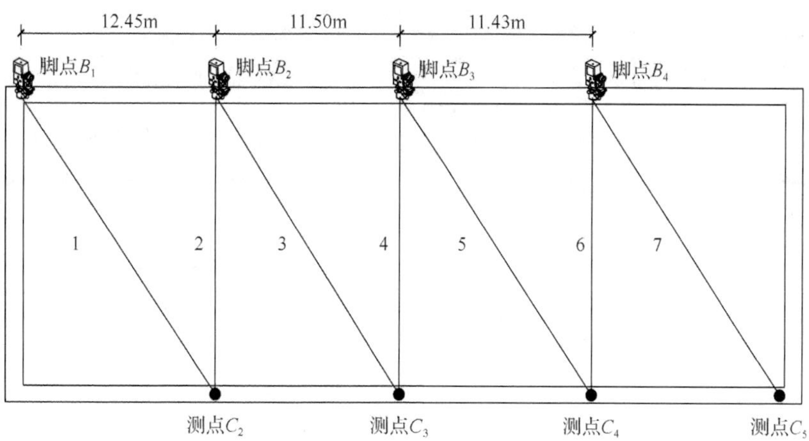

图 4-15　基坑长边顶部水平位移测点布设示意图

测试时间为 12 月 3～31 日，激光收敛仪的 7 条测线长度如表 4-8 所示。按照式（4-1）～式（4-3）处理激光收敛仪的监测数据，并与徕卡 TC2003 全站仪测角交会法测量的结果对比，如表 4-9 和表 4-10 所示。

表 4-8　陈春东路区间车站基坑长边顶部水平位移测线长度

项目	测线号						
	1	2	3	4	5	6	7
测线长度/m	16.2213	16.2213	16.2213	16.2213	16.2213	16.2213	16.2213

表 4-9　陈春东路区间车站测点 B 系列长边顶部水平位移对比监测结果

日期	测点 B_2		测点 B_3		测点 B_4	
	激光收敛仪/mm	徕卡 TC2003/mm	激光收敛仪/mm	徕卡 TC2003/mm	激光收敛仪/mm	徕卡 TC2003/mm
12-03	0.0	0.0	0.0	0.0	0.0	0.0
12-04	1.0	0.0	−0.2	0.0	−1.4	0.0
12-11	2.7	0.0	0.7	0.0	−0.7	0.0
12-12	−1.9	0.0	−1.6	0.0	−1.3	0.0
12-13	−0.5	0.0	−0.9	0.0	−2.8	0.0
12-14	−1.5	0.0	−3.5	0.0	−6.6	0.0
12-15	0.3	0.0	−0.6	0.0	−2.4	0.0
12-17	0.6	0.0	−2.2	0.0	−3.7	0.0
12-18	−1.9	0.0	−1.6	0.0	−1.3	0.0
12-19	−0.5	0.0	−0.9	0.0	−2.8	0.0
12-22	−0.3	0.0	−3.1	0.0	−4.9	0.0
12-27	0.5	0.0	0.2	0.0	−1.5	0.0
12-29	1.9	0.0	0.4	0.0	1.0	0.0
12-31	4.0	0.0	2.2	0.0	1.2	0.0

表 4-10　陈春东路区间车站测点 C 系列长边顶部水平位移对比监测结果

日期	测点 C_2		测点 C_3		测点 C_4		测点 C_5	
	激光收敛仪/mm	徕卡 TC2003/mm	激光收敛仪/mm	徕卡 TC2003/mm	激光收敛仪/mm	徕卡 TC2003/mm	激光收敛仪/mm	徕卡 TC2003/mm
12-03	0.0	0.5	0.0	−0.1	0.0	0.1	0.0	0.0
12-11	−2.0	1.5	−0.5	1.2	2.1	1.3	4.5	0.0
12-13	0.9	1.2	2.4	1.4	4.6	1.0	6.3	0.0
12-14	2.0	1.5	4.8	1.8	7.9	1.6	9.2	0.0
12-15	−0.3	1.3	2.4	1.7	5.4	1.8	5.5	0.0
12-18	1.5	1.6	4.1	1.9	3.8	2.1	4.4	0.0
12-19	0.9	1.3	2.4	1.5	4.6	1.7	6.3	0.0

续表

日期	测点 C_2		测点 C_3		测点 C_4		测点 C_5	
	激光收敛仪/mm	徕卡 TC2003/mm	激光收敛仪/mm	徕卡 TC2003/mm	激光收敛仪/mm	徕卡 TC2003/mm	激光收敛仪/mm	徕卡 TC2003/mm
12-22	1.5	0.9	4.7	1.4	6.0	1.7	8.1	0.0
12-27	1.4	2.0	2.4	1.8	3.9	1.6	5.1	0.0
12-28	0.5	1.7	3.7	2.1	4.5	1.7	5.3	0.0
12-29	−1.1	1.5	1.6	1.7	1.1	2.0	2.5	0.0
12-31	−2.4	1.7	−0.3	1.8	0.7	1.9	3.4	0.0

从表 4-9 可以看出，激光收敛仪测试得到的测点 B 系列长边顶部水平位移与测点的实际位移相差较大，这主要是由测量误差、基点误差累计和测点 C 系列的测量误差引起的。

因为测点 C_5 为基坑角基准点，其水平位移为 0。从表 4-10 可以看出，激光收敛仪与徕卡 TC2003 全站仪的测角交会测量结果的最大正差值为 9.2mm，最大负差值为−4.1mm；同时测点的中误差随测点数的增加而增大。这是因为新测点以上一个测点为基点进行计算，上一个测点的误差会直接带入新测点，测点数越多，误差就会越来越大，但前三个测点与全站仪的测量差值基本小于±3mm。

《基坑工程施工监测规程》(DG/TJ 08—2001—2016)[102]根据基坑等级制定监测精度要求，《建筑基坑工程监测技术标准》(GB 50497—2019)[54]根据变形累计值和变形速率制定监测精度要求，两种规范对水平位移和垂直位移的监测精度要求如表 4-11 和表 4-12 所示。

表 4-11　《基坑工程施工监测规程》(DG/TJ 08—2001—2016)的监测精度要求

监测等级	一级	二级	三级
监测点坐标中误差/mm	±1.0	±3.0	±5.0

注：监测点坐标中误差系指监测点相对测站点（如工作基点等）的坐标中误差，为点位中误差的 $1/\sqrt{2}$ 。

表 4-12　《建筑基坑工程监测技术标准》(GB 50497—2019)的监测精度要求

水平位移预警值	累计值 D/mm	$D\leqslant 40$		$40<D\leqslant 60$	$D>60$
	变化速率 v_D / (mm·d^{-1})	$v_D\leqslant 2$	$2<v_D\leqslant 4$	$4<v_D\leqslant 6$	$v_D>6$
监测点坐标中误差/mm		≤1.0	≤1.5	≤2.0	≤3.0

注：1. 监测点坐标中误差系指监测点相对测站点（如工作基点等）的坐标中误差，监测点相对于基准线的偏差中误差为点位中误差的 $1/\sqrt{2}$ 。

2. 当根据累计值和变化速率选择的精度要求不一致时，水平位移监测精度优先按变化速率预警值的要求确定。

3. 以中误差作为衡量精度的标准。

激光收敛仪监测基坑短边顶部水平位移的测量中误差为 1.02mm 和 1.10mm，与徕卡 TC2003 全站仪测角交会法的测量差值不大于±1.0mm；基坑长边水平位移的测试中误差随测点数增加而增大，但前三个测点的中误差基本小于±3mm，通过在中部引入参考基准点，并采用一定的测量平差方法，可以将长边水平位移的测量中误差控制在±3mm 内。对于监测等级为二、三级的基坑，激光收敛仪基本满足《基坑工程施工监测规程》（DG/TJ 08—2001—2016）的监测精度要求。

从图 4-15 中可以看出，测线 2、4、6 的变化值即是测点 B_2 与 C_2、B_3 与 C_3、B_4 与 C_4 的水平位移相对值。因为 3 号出入口基坑一侧为区间车站，3 号出入口与区间车站共用 800mm 厚的地下连续墙，区间车站已经完成了主体结构浇筑并重新覆土，因此此侧的地下连续墙顶部的水平位移为 0，即测点 B 系列的位移为 0。此时，测点 B_2 与 C_2、B_3 与 C_3、B_4 与 C_4 的绝对水平位移相对值就是测点 C_2、C_3、C_4 的绝对水平位移值，其结果与全站仪测角交会法的监测结果对比如表 4-13 所示。

表 4-13　测线相对变化值与全站仪测角交会法的监测结果对比

日期	测点 C_2		测点 C_3		测点 C_4	
	激光收敛仪/mm	徕卡 TC2003/mm	激光收敛仪/mm	徕卡 TC2003/mm	激光收敛仪/mm	徕卡 TC2003/mm
12-03	0.0	0.5	0.0	−0.1	0.0	0.1
12-11	0.7	1.5	0.2	1.2	1.4	1.3
12-13	0.4	1.2	1.6	1.4	1.8	1.0
12-14	0.5	1.5	1.2	1.8	1.3	1.6
12-15	0.0	1.3	1.8	1.7	3.0	1.8
12-18	−0.4	1.6	2.5	1.9	2.5	2.1
12-19	0.4	1.3	1.6	1.5	1.8	1.7
12-22	0.5	0.9	1.2	1.4	1.3	1.7
12-27	1.2	2.0	1.6	1.8	1.0	1.6
12-28	1.8	1.7	2.6	2.1	2.4	1.7
12-29	1.1	1.5	2.0	1.7	2.3	2.0
12-31	0.7	1.7	1.9	1.8	1.9	1.9

从表 4-13 的数据可以看出，通过监测点间测线的相对变化值，减去测点 B 系列的绝对水平位移计算得到测点 C 系列绝对水平位移，其结果与全站仪测角交会法的测量结果非常接近。这表明激光收敛仪可以很好地测量基坑顶部水平位移监测点间的相对水平位移，在实际监测工作中，可以采用激光收敛仪测量基坑顶部水平位移监测点间的相对水平位移作为判断基坑稳定性的辅助方法。

4.4.2　基坑围护结构深层水平位移精度分析

1）平度路区间车站基坑测试

在平度路区间车站基坑布设了四个测试断面，测试断面选择在测斜管附近。在基坑围护结构顶部安装激光收敛仪固定装置和监测点反光片，如图 4-16 所示，随着基坑每层土的开挖完成，在地下连续墙上钻孔埋设膨胀螺栓和安装反光片，安装反光片时调节反光片的角度，尽量使激光束与反光片垂直。基坑每层土的开挖深度为两道支撑的间距，每层布设 3～4 个监测点，现场测试照片如图 4-17 所示。对比监测仪器为 CX-3C 型测斜仪，其显示分辨率为±0.01mm/500mm，系统精度为±2mm/30m。

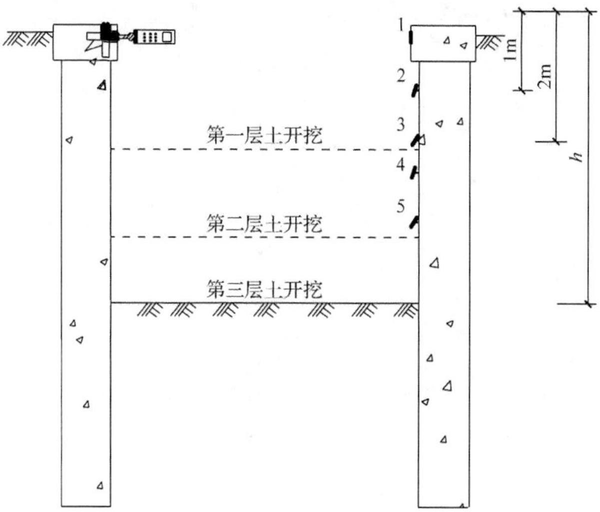

图 4-16　激光收敛仪监测基坑围护结构深层水平位移测点布设示意图

（a）激光收敛仪现场测试照片

（b）基坑围护结构深层水平位移监测点

图 4-17　激光收敛仪基坑围护结构深层水平位移现场实测照片

测试期间有两个监测断面的激光收敛仪固定膨胀螺栓被挖掘机破坏，此次试验得到两个有效的监测断面数据。按照式（4-5）～式（4-7）处理监测数据，得到激光收敛仪与 CX-3C 型测斜仪的基坑围护结构深层水平位移监测结果对比，如图 4-18 和图 4-19 所示。

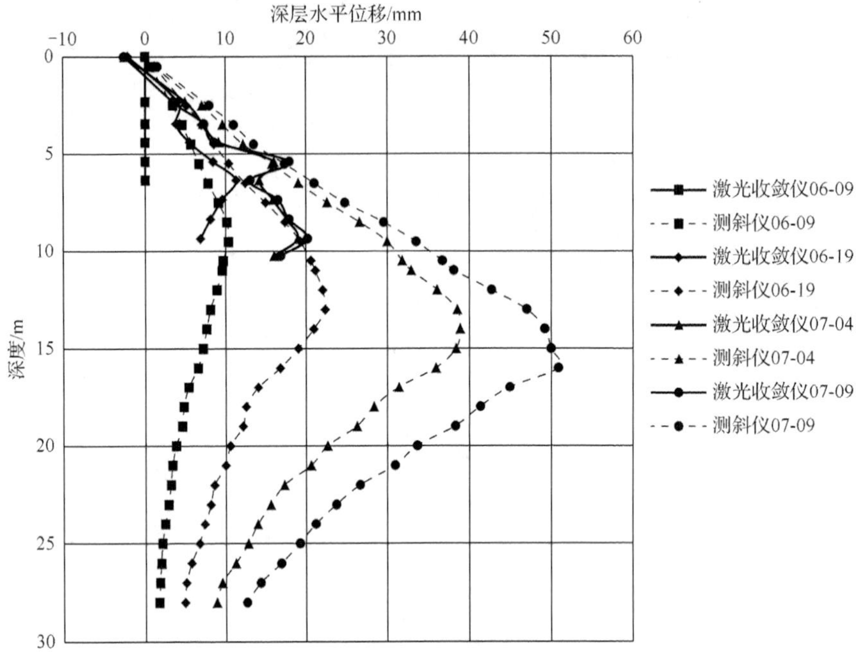

图 4-18　激光收敛仪与测斜仪深层水平位移监测结果对比（平度路区间车站断面 1）

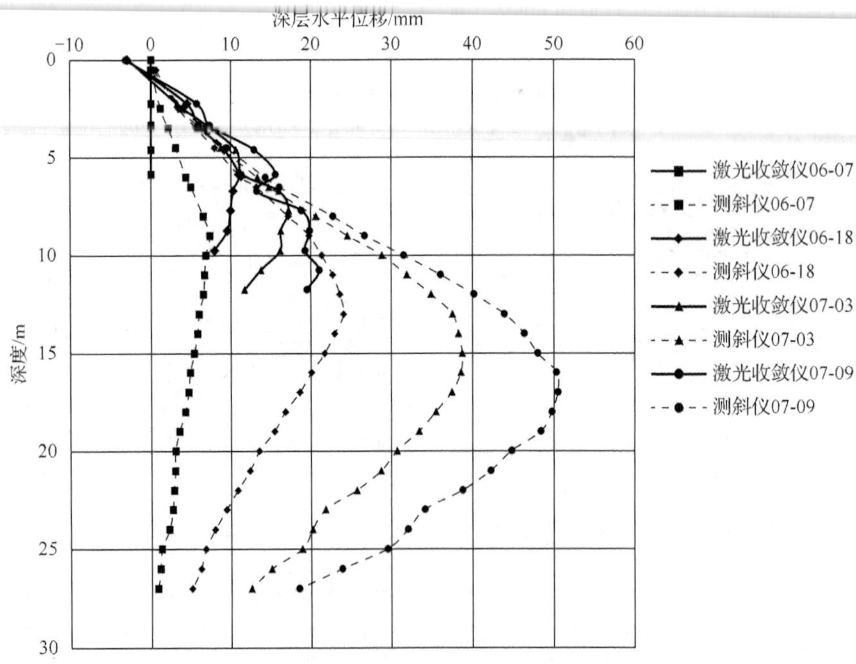

图 4-19　激光收敛仪与测斜仪深层水平位移监测结果对比（平度路区间车站断面 2）

图 4-18 和图 4-19 的对比测试结果表明，在第一、二层土开挖时激光收敛仪与测斜仪的监测结果比较接近，在接近基坑底部时激光收敛仪的监测结果远小于测斜仪。这是因为随着土体的分层开挖，未开挖部分的基坑围护结构已发生变形，且随着深度加深，这部分的变形量增大，而激光收敛仪因土体未开挖的限制，无法得到监测数据。此外，激光收敛仪的监测曲线不够平滑，表明激光收敛仪的精度受外界干扰较大。测斜仪的监测结果表明，基坑的最大变形位置在基坑开挖面下方 2～4m，激光收敛仪监测得到的最大变形位移在开挖面以上 2m 左右。

2）陈春东路区间车站 3 号出入口基坑测试

在陈春东路区间车站 3 号出入口基坑布设了三个测试断面，测试断面选择在测斜管附近。首先在基坑围护结构顶部安装激光收敛仪固定装置和监测点反光片，如图 4-15 所示，随着基坑每层土的开挖完成，在地下连续墙上钻孔埋设膨胀螺栓和安装反光片，安装反光片时调节反光片的角度，尽量使激光束与反光片垂直。基坑每层土的开挖深度为两道支撑的间距，每层布设 3～4 个监测点。对比监测的仪器为 CX-3C 型测斜仪，其显示分辨率为±0.01mm/500mm，系统精度为±2mm/30m。

按照式（4-5）～式（4-7）处理监测数据，得到激光收敛仪与 CX-3C 型测斜仪的基坑围护结构深层水平位移监测结果对比，如图 4-20～图 4-22 所示。

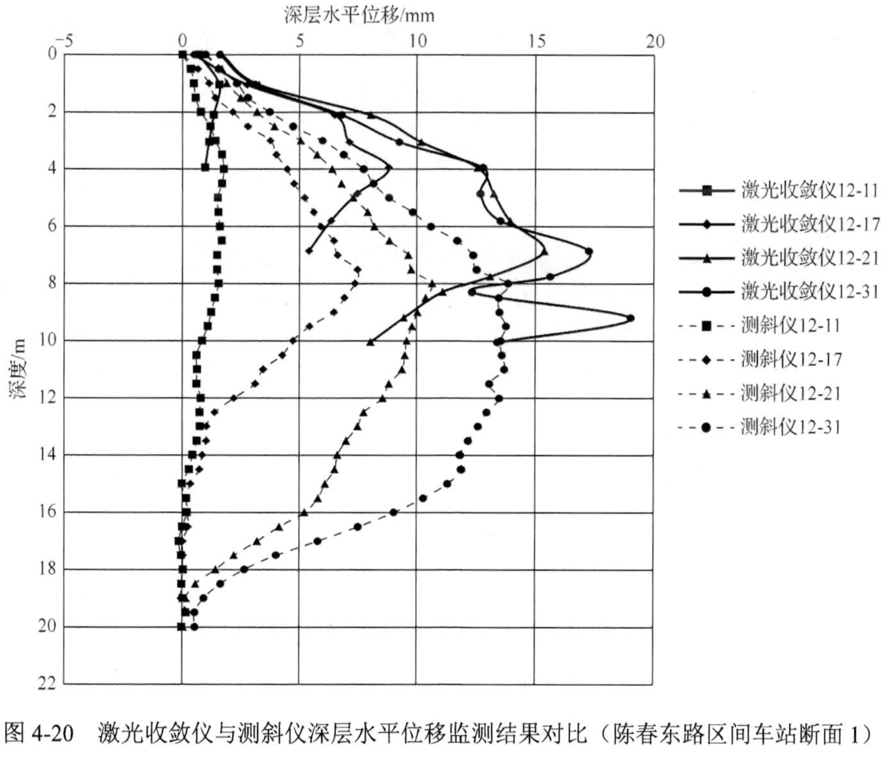

图 4-20　激光收敛仪与测斜仪深层水平位移监测结果对比（陈春东路区间车站断面 1）

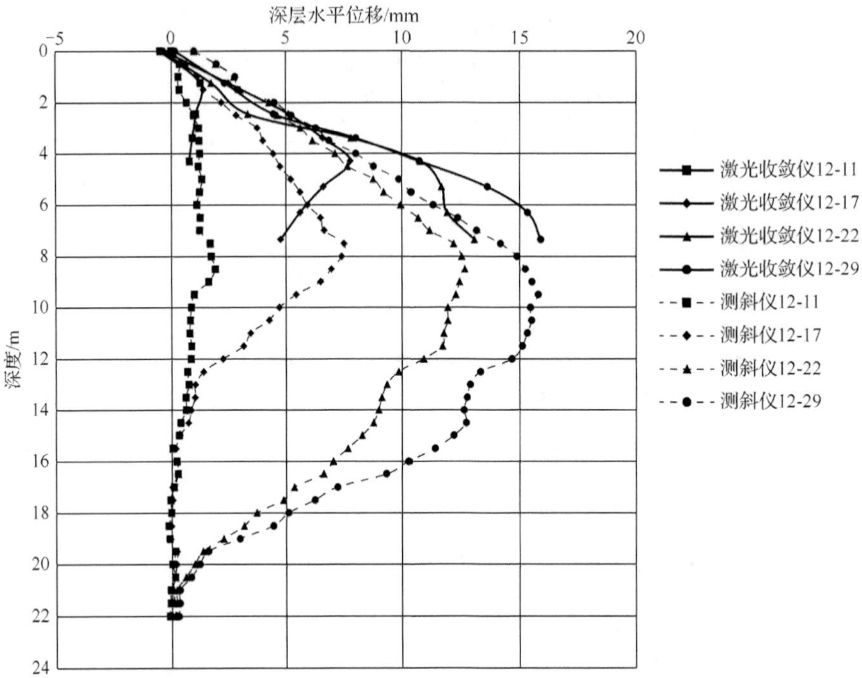

图 4-21　激光收敛仪与测斜仪深层水平位移监测结果对比（陈春东路区间车站断面 2）

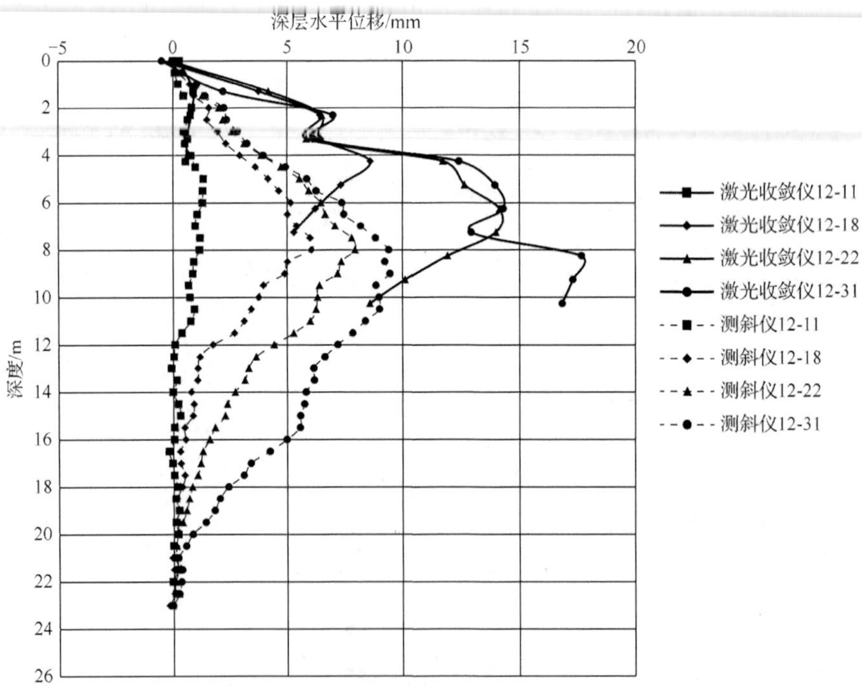

图 4-22　激光收敛仪与测斜仪深层水平位移监测结果对比（陈春东路区间车站断面 3）

图 4-20 和图 4-22 表明激光收敛仪的监测结果要大于测斜仪，而图 4-21 所示的对比监测断面 2 中激光收敛仪与测斜仪的监测结果比较接近。三个对比测试断面监测结果表明，激光收敛仪的监测曲线不够平滑，表明激光收敛仪的精度受外界干扰较大。此外，激光收敛仪无法监测到围护结构在土体开挖前和开挖时的变形，基坑开挖的过程和土体开挖后监测点布设的及时性对激光收敛仪的监测结果影响较大，这是导致激光收敛仪监测结果不稳定的主要原因。测斜仪的监测结果表明，基坑的最大变形位置为基坑开挖面下方 2～4m，激光收敛仪监测得到的最大变形位置在开挖面上方约 2m，这由激光收敛仪无法监测得到土体未开挖时围护结构的变形导致。

虽然激光收敛仪不能监测围护结构在土体开挖前和开挖时的变形，无法测量得到围护结构的全部深层水平位移变形数据，但其可以测量围护结构在土体开挖后的深层水平位移，对基坑围护结构和周边土体的稳定性评价依然具有一定的作用和意义；特别是对于开挖后需要长期监测的基坑围护结构变形，或者需要测量围护结构相对位移的基坑，激光收敛仪还具有操作简单、测量便捷的优势。

4.5　基坑围护结构变形测量精度的影响因素及相应改进措施

4.5.1　测量精度的影响因素

利用智能激光收敛仪系统监测基坑围护结构变形的精度影响因素包括激光收敛仪的系统误差、大气条件影响因素、使用安装影响因素和测量方法的不足等方面。

（1）每次测量时的天气状况不同，激光收敛仪的数字测相信号受到的干扰程度不同，被测信号幅度改变产生测量误差。此外，测量时光程通过的各点温度、气压、湿度都不完全相同，使得各点的大气折射率不同而影响测距精度。

（2）激光收敛仪在基坑中测试时的测线长度较远，增加了激光收敛仪的对准难度。9 号线三期平度路区间车站的最大测线长度为 26m，最短测线长度为 16m，激光收敛仪的距离量测误差随测线长度增大而增加。

（3）基坑挖土作业时产生的大量粉尘和掉落的泥土使反光片表面容易粘附泥土，清洁反光片时容易产生轻微扰动；布设在地下连续墙上的深层水平位移监测点反光片被泥土污染表面，在基坑土体开挖后无法清洁，增大了激光收敛仪的测线量测误差，影响激光收敛仪的监测精度。

（4）安装激光收敛仪的膨胀螺栓和固定基坑顶部的反光片时，容易受到各种轻微扰动，且无法识别出来，从而产生测量误差。

（5）测线距离较远，反光片的角度调整困难，使得激光束与反光片不垂直，产生的夹角影响测线量测精度。

（6）基坑土体分层开挖的高度为一道支撑的高度，土体开挖的时间较长。土体开挖、支撑架设完成后才能安装激光收敛仪的反光片，测得初读数。土体开挖阶段及刚开挖后的初期，围护结构的变形较大，激光收敛仪却无法及时监测这部分变形，导致监测结果远小于测斜仪的监测结果。

（7）实际开挖过程中，每层土体开挖的高度为一道支撑的间距（约 4m），一次开挖就需要布设 3～4 个监测点，补偿后新测点的初始读数和测斜仪偏差较大。

4.5.2 测量精度的改进措施

针对激光收敛仪监测基坑围护结构变形精度的影响因素，在后期的工作中须进一步完善和改进激光收敛仪监测系统，从而提高激光收敛仪监测基坑围护结构变形的精度。具体改进措施如下。

（1）针对激光收敛仪的系统误差，可以选用更高精度的激光测距传感器，提供稳定的调制信号，减少信号在机内的传递误差和数字测相系统误差，提高激光测距传感器和电路系统的抗干扰能力，从而提高激光收敛仪主机的测距精度。

（2）为减少大气条件对测量精度的影响，宜避免在强烈太阳光照条件、空气粉尘浓度过大时使用激光收敛仪。

（3）针对使用安装的影响因素，可以在激光收敛仪的固定装置和反光片附近设置明显的警示标识，提醒工人施工时加强对固定装置和反光片的保护。为避免挖土作业掉落的泥土污染反光片，可以在反光片上部设置遮挡片，从而保证激光收敛仪的测量精度。

（4）设计更加简单便捷的反光片安装方式，从而简化反光片的安装工作。或者设计可以预埋的反光片，将反光片预埋在地下连续墙的钢筋网上，在基坑土体开挖后立即布设反光片，以便及时测量初始读数。

（5）进一步改进和完善激光收敛仪监测基坑围护结构变形的测量方法，对于基坑顶部水平位移，可以每隔几个监测点引入一个参考点进行位移修正，并采用增加测回次数来提高激光收敛仪的监测精度。研究监测点在土体未开挖期间的位移近似修正方法，增大激光收敛仪监测基坑围护结构深层水平位移的适用范围。

第5章　智能激光收敛仪监测隧道洞口边仰坡地表位移

5.1　边坡地表位移的测量方法及精度简介

5.1.1　测量方法概述

边坡是指岩体、土体因自然或人为作用而形成的具有一定倾斜度的临空面。我国存在着大量的边坡工程，其稳定性是工程建设中关注的核心问题之一，不稳定的边坡可能形成滑坡、崩塌等严重的自然灾害，对人民的生命和财产安全构成严重威胁。为了判断边坡的稳定性，就必须对边坡进行监测。

边坡的地表位移情况可以直观地反映出边坡的稳定状态，现有的边坡地表位移监测方法有 GPS 法[70-72]、全站仪坐标测量法[65-67]、测量边坡水平位移的前方交会法和垂直位移的水准法[103]等。此外，数字化近景摄影测量[68-69]、三维激光扫描技术[104-105]、遥感遥测法[73-74]等测量方法由于精度较低、监测范围广，多用于地质灾害调查和大面积边坡的长期稳定性预警监测。

5.1.2　常用的坐标测量方法精度

1．极坐标法

如图 5-1 所示，采用极坐标法监测边坡三维位移监测点 P 的三维点位中误差[103]为

$$m_P=\pm\sqrt{m_x^2+m_y^2+m_z^2}=\pm\sqrt{m_S^2+2\left(\frac{S\sin\alpha}{\rho}\right)^2m_\alpha^2+\left(\frac{S\cos\alpha}{\rho}\right)^2m_\beta^2} \quad (5\text{-}1)$$

式中，m_P——监测点 P 的三维点位中误差；

m_x、m_y、m_z——监测点 P 的三维坐标中误差；

m_S——测距中误差，$m_S=a+bS$，a 为固定误差，b 为比例误差，S 为斜距；

α——全站仪极坐标法测量监测点 P 的竖直角；

m_α——竖直角测量中误差；

m_β——水平角测量中误差；

ρ——换算系数，$\rho=206265''$。

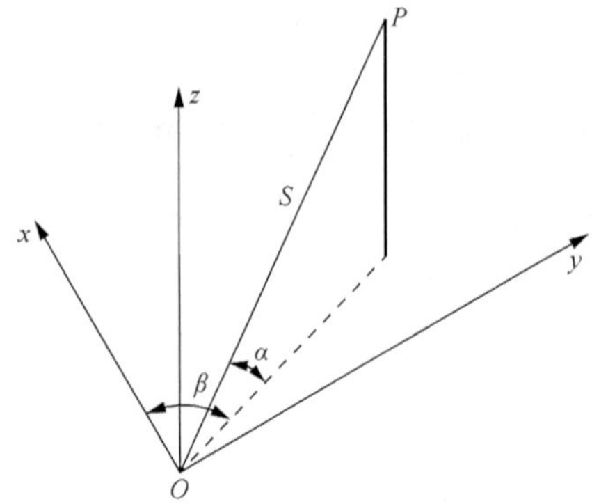

图 5-1　极坐标法监测边坡三维位移示意图

2. 交会法

交会法监测边坡水平位移具体分为角度前方交会法（图 5-2）、边长前方交会法（图 5-3）、边角同测交会法[103]，对应监测点 P 的点位中误差分别为

$$m_{角}=\frac{Dm_{\alpha}}{\rho}\frac{\sqrt{\sin^{2}\alpha+\sin^{2}\beta}}{\sin^{2}\gamma} \tag{5-2}$$

式中，D——基线长；

m_{α}——水平角的测量中误差；

α——AP 与 AB 间的水平角；

β——BP 与 AB 间的水平角；

γ——交会角；

ρ——换算系数，$\rho=206265''$。

$$m_{边}=\frac{1}{\sin\gamma}\sqrt{m_{D_{AP}}^{2}+m_{D_{BP}}^{2}} \tag{5-3}$$

式中，γ——交会角；

$m_{D_{AP}}$、$m_{D_{BP}}$——测距中误差，$m_{D_{AP}}=m_{D_{BP}}=a+bS$。

$$m_{边角}=\frac{1}{2\sin\gamma}\sqrt{m_{D_{AP}}^{2}+m_{D_{BP}}^{2}+\frac{D_{AP}^{2}+D_{BP}^{2}}{\rho^{2}}m_{\alpha}^{2}} \tag{5-4}$$

式中，γ——交会角；

m_{α}——测角中误差；

$m_{D_{AP}}$、$m_{D_{BP}}$——测距中误差，$m_{D_{AP}}=m_{D_{BP}}=a+bS$；

ρ——换算系数，$\rho=206265''$。

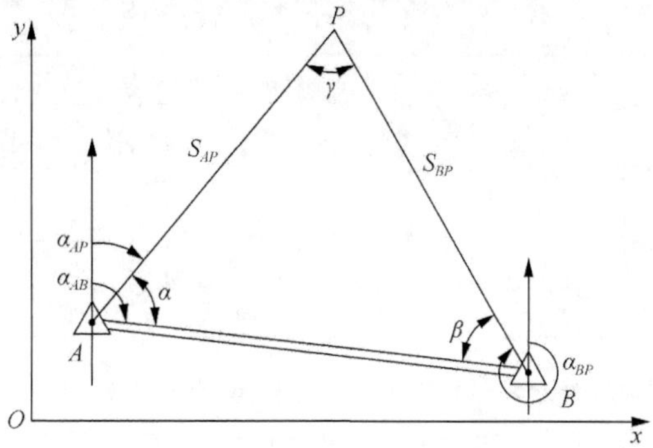

图 5-2　角度前方交会法测量边坡水平位移示意图

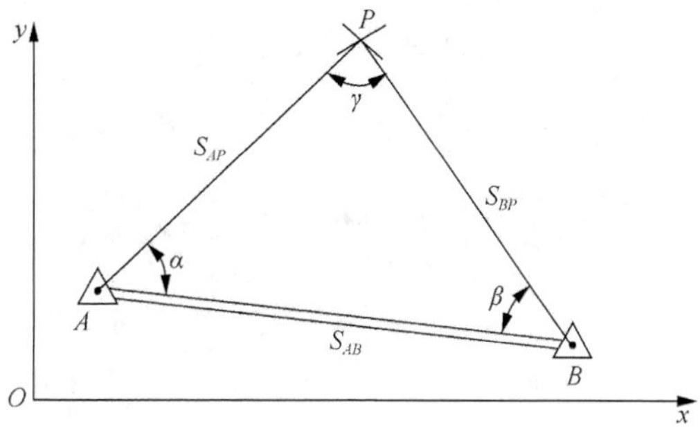

图 5-3　边长前方交会法测量边坡水平位移示意图

以徕卡 TC2003 型全站仪为例，其标称测角精度为 0.5″，测距精度为 1mm+ $1\times10^{-6}D$（D 为测程，单位为 km）。假设基线两端已知点 A、B 的水平距离分别为 20m 和 400m 时，取水平角的测量中误差 $m_\alpha = m_\beta = 1.0''$，距离测量中误差 $m_{D_{AP}} = m_{D_{BP}} = 1+1\times10^{-6}\times S$，$S$ 为全站仪测量的斜距。根据式（5-2）～式（5-4），分别用三种交会测量法的点位中误差计算公式计算监测点 P 的点位中误差，如表 5-1 和表 5-2 所示。

表 5-1　已知点 A、B 距离 D=20m 时三种交会测量法的点位中误差　（单位：mm）

方法	交会角γ，交会边长 S						
	γ=23° S=50.1m	γ=30° S=38.6m	γ=60° S=20.0m	γ=90° S=14.1m	γ=120° S=11.5m	γ=150° S=10.4m	γ=172° S=10.0m
角度前方交会	0.88	0.53	0.16	0.10	0.09	0.14	0.49
边长前方交会	3.62	2.83	1.63	1.41	1.63	2.83	10.16
边角同测交会	1.86	1.44	0.82	0.71	0.82	1.42	5.09

表 5-2　已知点 *A*、*B* 距离 *D*=400m 时三种交会测量法的点位中误差　（单位：mm）

方法	交会角γ，交会边长 S						
	γ=23° S=1003m	γ=30° S=773m	γ=60° S=400m	γ=90° S=283m	γ=120° S=231m	γ=150° S=207m	γ=172° S=201m
角度前方交会	17.60	10.60	3.17	1.94	1.83	2.84	9.88
边长前方交会	5.13	3.57	1.76	1.47	1.68	2.89	10.36
边角同测交会	9.17	5.59	1.81	1.22	1.24	2.03	7.16

从表 5-1 和表 5-2 可以看出，当交会角的取值 $60° \leqslant \gamma \leqslant 120°$ 时，三种交会方法都可以取得较好的精度，当交会图形变差时，短基线采用角度前方交会法的精度较好，长基线采用边角同测交会法的精度较好。

3. 三角高程法

利用三角高程法测量边坡竖向位移的中误差计算公式为

$$m_{H_B} = \sqrt{m_S^2 + \frac{m_\alpha^2}{\rho^2} S^2 + m_i^2 + m_t^2} \tag{5-5}$$

以徕卡 TC2003 型全站仪为例，其标称测角精度为 0.5″，测距精度为 1mm+$1 \times 10^{-6} D$（D 为测程，单位为 km），假设测量的斜距 S 为 50m，竖直夹角 $\alpha = 30°$，取角度测量中误差 $m_\alpha = m_\beta = 1.0''$，距离测量中误差 $m_S = 1 + 1 \times 10^{-6} \times S$，仪器高度 i 的量测中误差 $m_i = 0.5\text{mm}$，棱镜高度 t 的量测中误差 $m_t = 0.5\text{mm}$，计算出的中误差为 m_{H_B}=1.29mm。

4. GPS 全球定位系统测量法

随着 GPS 技术的不断成熟，GPS 自动化变形监测系统已经在矿区地表沉降观测、桥梁、建筑、大坝等中得到应用并取得很好的效益。王劲松等[106]在公路高边坡实时监测时，采用 GPS 一机多天线思想和整周模糊度处理，得到双频 GPS 接收机的载波相位定位精度一般可达±5mm，基本满足公路高边坡实时监测的精度。GPS 的测量精度最高可达 3mm，但受到地形、天气条件、可接收卫星信号条件等影响，实测精度一般超过 5mm。

监测边坡水平位移的视准线法、前方交会法等要求监测点与基准点在同一个水平面内，这在实际工作中比较难以实现；监测垂直位移的水准法需要多次转站架设仪器，实际量测困难且累计误差较大。高大边坡的地表变形位移较大，常使用全站仪和 GPS 可以满足监测精度的要求，同时具有较好的监测工作效率。对于隧道洞口边仰坡等尺寸较小的边坡，其稳定性对工程安全至关重要，但由于变形较小，使用全站仪和 GPS 很难满足监测精度的要求。因此，需要研究一种测量精度较高，同时操作简单的方法来监测隧道洞口边仰坡的地表三维变形。

5.2　隧道洞口边仰坡地表位移的监测原理及方法

5.2.1　监测原理

激光收敛仪监测隧道洞口边仰坡地表位移基于激光测距原理，利用所开发的激光收敛仪及其对准调节装置，通过测量基准点与监测点 P 之间的距离，结合基准点的已知坐标，经过坐标计算得到监测点 P 的三维坐标。根据监测点 P 的三维坐标变化，得到边坡监测点 P 的位移。激光收敛仪监测隧道洞口边仰坡地表位移原理示意图如图 5-4 所示。

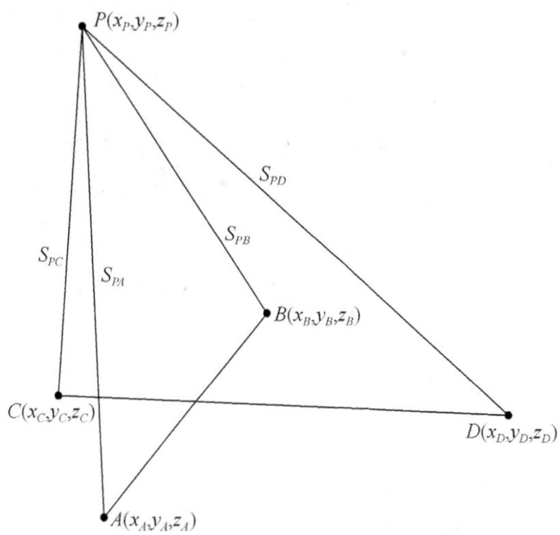

图 5-4　激光收敛仪监测隧道洞口边仰坡地表位移原理示意图

激光收敛仪监测前，在不受边坡位移影响的地面设置四个不在同一平面内的基准点 A、B、C、D，基准点对应的坐标分别为 $A(x_A,y_A,z_A)$、$B(x_B,y_B,z_B)$、$C(x_C,y_C,z_C)$、$D(x_D,y_D,z_D)$，在边坡监测区域按照测点布设要求布置监测点 P，假设 P 点的坐标为 $P(x_P,y_P,z_P)$。基准点的三维空间坐标可以通过下述两种方式确定：①如果基准点所在区域有国家 1～4 等的测量控制点，使用高精度全站仪或经纬仪和水准仪等测量仪器，将坐标引测到基准点上；②使用高精度 GPS 进行多期观测获得基准点的高精度坐标。

初次监测时，分别将激光收敛仪安装于基准点 A、B、C、D，调节对准调节装置使激光收敛仪的激光束对准监测点 P 的反光片，测量得到基准点 A、B、C、D 到监测点 P 之间的距离分别为 $S_{PA,0}$、$S_{PB,0}$、$S_{PC,0}$、$S_{PD,0}$，代入式（5-6）即可求得监测点的初始三维坐标 $P(x_{P,0},y_{P,0},z_{P,0})$。

$$\begin{cases}(x_{P,0}-x_A)^2+(y_{P,0}-y_A)^2+(z_{P,0}-z_A)^2=S_{PA,0}^2\\(x_{P,0}-x_B)^2+(y_{P,0}-y_B)^2+(z_{P,0}-z_B)^2=S_{PB,0}^2\\(x_{P,0}-x_C)^2+(y_{P,0}-y_C)^2+(z_{P,0}-z_C)^2=S_{PC,0}^2\\(x_{P,0}-x_D)^2+(y_{P,0}-y_D)^2+(z_{P,0}-z_D)^2=S_{PD,0}^2\end{cases}\tag{5-6}$$

式中，$S_{PA,0}$——初次监测时监测点 P 到基准点 A 的测线长度或距离；

$S_{PB,0}$——初次监测时监测点 P 到基准点 B 的测线长度或距离；

$S_{PC,0}$——初次监测时监测点 P 到基准点 C 的测线长度或距离；

$S_{PD,0}$——初次监测时监测点 P 到基准点 D 的测线长度或距离；

$x_{P,0}$、$y_{P,0}$、$z_{P,0}$——监测点 P 的初始三维坐标；

x_A、y_A、z_A——基准点 A 的三维坐标；

x_B、y_B、z_B——基准点 B 的三维坐标；

x_C、y_C、z_C——基准点 C 的三维坐标；

x_D、y_D、z_D——基准点 D 的三维坐标。

式（5-6）共有 3 个未知数、4 个方程，通过其中任意 3 个方程可求得两组关于监测点的坐标 $P(x_{P,0},y_{P,0},z_{P,0})$ 和 $P'(x'_{P,0},y'_{P,0},z'_{P,0})$，且 $P(x_{P,0},y_{P,0},z_{P,0})$ 和 $P'(x'_{P,0},y'_{P,0},z'_{P,0})$ 是关于所选取的 3 个基准点所确定的平面对称点。因此，引入第 4 个方程即可求得唯一的监测点 $P(x_{P,0},y_{P,0},z_{P,0})$ 的坐标。

此后，按照监测频率，将激光收敛仪安装于基准点 A、B、C、D，调节对准调节装置使激光收敛仪的激光束对准监测点 P 的反光片，测量得到隧道洞口边坡变形后基准点 A、B、C、D 到监测点 P 之间的距离分别为 $S_{PA,i}$、$S_{PB,i}$、$S_{PC,i}$、$S_{PD,i}$ $(i=1,2,3\cdots)$，将其代入式（5-7）即可求得监测点 P 在第 i 次监测时的三维坐标 $P(x_{P,i},y_{P,i},z_{P,i})$ $(i=1,2,3\cdots)$。

$$\begin{cases}(x_{P,i}-x_A)^2+(y_{P,i}-y_A)^2+(z_{P,i}-z_A)^2=S_{PA,i}^2\\(x_{P,i}-x_B)^2+(y_{P,i}-y_B)^2+(z_{P,i}-z_B)^2=S_{PB,i}^2\\(x_{P,i}-x_C)^2+(y_{P,i}-y_C)^2+(z_{P,i}-z_C)^2=S_{PC,i}^2\\(x_{P,i}-x_D)^2+(y_{P,i}-y_D)^2+(z_{P,i}-z_D)^2=S_{PD,i}^2\end{cases}\tag{5-7}$$

式中，$S_{PA,i}$——第 i 次监测时监测点 P 到基准点 A 的测线长度或距离；

$S_{PB,i}$——第 i 次监测时监测点 P 到基准点 B 的测线长度或距离；

$S_{PC,i}$——第 i 次监测时监测点 P 到基准点 C 的测线长度或距离；

$S_{PD,i}$——第 i 次监测时监测点 P 到基准点 D 的测线长度或距离；

$x_{P,i}$, $y_{P,i}$, $z_{P,i}$——第 i 次监测时监测点 P 的三维坐标。

根据式（5-6）求得的变形前监测点 P 的三维坐标$(x_{P,0},y_{P,0},z_{P,0})$和式（5-7）求得的变形后监测点 P 的三维坐标$(x_{P,i},y_{P,i},z_{P,i})$，即可求得监测点 P 的三维位移变化为

$$\begin{cases}\Delta x = x_{P,0} - x_{P,i} \\ \Delta y = y_{P,0} - y_{P,i} \\ \Delta z = z_{P,0} - z_{P,i}\end{cases} \tag{5-8}$$

式中，Δx——第 i 次监测时监测点 P 在 x 轴方向的位移；

Δy——第 i 次监测时监测点 P 在 y 轴方向的位移；

Δz——第 i 次监测时监测点 P 在 z 轴方向的位移；

$x_{P,0}$、$y_{P,0}$、$z_{P,0}$——监测点 P 的初始三维坐标；

$x_{P,i}$、$y_{P,i}$、$z_{P,i}$——第 i 次监测时监测点 P 变形后的三维坐标。

5.2.2　监测方法

根据激光收敛仪监测隧道洞口边仰坡地表位移的原理，在实际监测过程中，按照如下方法实施监测。

根据隧道洞口边仰坡地表位移的监测方案，在隧道洞口边仰坡位移的影响范围外选择不在同一平面的 4 个基准点 A、B、C、D，在选定的基准点处埋设膨胀螺栓，在膨胀螺栓上安装与对准调节装置匹配的转换公头。在隧道边仰坡上布设稳固可靠的监测点 $P_k(k=1,2,\cdots,n)$，在监测点上安装合页反光片，调节反光片合页的角度，使激光束尽可能垂直于反光片。

使用高精度全站仪或经纬仪和水准仪等测量仪器，测量得到基准点的三维坐标；或者使用高精度 GPS 进行多期观测获得基准点的高精度三维坐标。

隧道洞口边仰坡监测点布设完成后，将对准调节装置底部的转换母头依次插入基准点 A 的转换公头，旋紧锁死螺母，完成仪器的安装工作。打开激光收敛仪，选择主机的编辑功能命令设置本次监测的项目名称、断面编号、测线编号。

打开激光收敛仪的激光束，调节对准调节装置，使激光收敛仪的激光束对准监测点 $P_k(k=1,2,\cdots,n)$处的反光片目标点，触发无线遥控按钮完成基准点 A 与监测点 $P_k(k=1,2,\cdots,n)$间测线 P_kA 的距离$(S_{P_kA,0})$测量。

从基准点 A 处拆卸激光收敛仪，重新设置断面编号、测线编号。依次将激光收敛仪安装于基准点 B、C、D 的转换公头上，旋紧锁死螺母，完成仪器的安装工作。调节对准调节装置，使激光收敛仪的激光束对准监测点 $P_k(k=1,2,\cdots,n)$处的反光片目标点，完成基准点 B、C、D 与监测点 $P_k(k=1,2,\cdots,n)$间测线的距离（$S_{P_kB,0}$, $S_{P_kC,0}$, $S_{P_kD,0}$）测量。

按照隧道洞口边仰坡地表位移的监测频率，重复上述步骤，依次完成第 i 次测量时基准点 A、B、C、D 与监测点 $P_k(k=1,2,\cdots,n)$间测线的距离（$S_{P_kA,i}$，$S_{P_kB,i}$，$S_{P_kC,i}$，$S_{P_kD,i}$）测量。

根据上述测线的量测结果，利用式（5-6）～式（5-8）计算得到隧道洞口边仰坡地表位移监测点 $P_k(k=1,2,\cdots,n)$的三维位移值。

激光收敛仪施测安装方便、操作简单。在测量过程中，根据激光收敛仪的施测要求，需要对每个监测点进行编号，测点编号为 001～999，每个监测点的 4 条测线编号为 01～04。

5.3　隧道洞口边仰坡地表位移的测量精度分析

本节通过室内重复性测量试验、室内位移测量试验分析激光收敛仪监测隧道洞口边仰坡地表位移的测量精度和理论中误差。

5.3.1　室内重复性测量试验

为了分析激光收敛仪监测隧道洞口边仰坡地表位移的测量精度，在实验室内进行了激光收敛仪监测隧道洞口边仰坡地表位移的重复性测量试验。取一个相对坐标原点 O，按照图 5-4 所示的测量原理在 4 个基准点 A、B、C、D 上安装膨胀螺栓和激光收敛仪固定装置，基准点与坐标原点 O 的相对坐标分别为 A(0.000, 0.931, 0.000)、B(0.610, 0.000, 0.762)、C(1.449, 0.000, 0.759)、D(3.163, 0.928, 0.000)，在墙壁上布设监测点 P 并安装反光片。按照仪器安装、测量、拆卸、再安装的过程进行 25 次隧道洞口边仰坡地表位移重复测量试验，现场测试照片如图 5-5 所示。

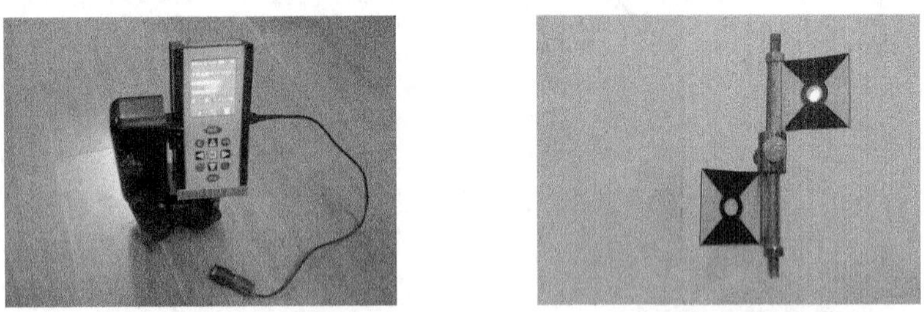

（a）激光收敛仪安装与固定　　（b）监测点反光片

图 5-5　激光收敛仪监测隧道洞口边仰坡地表位移的室内重复性测量试验照片

通过 25 次室内重复性测量试验，得到 4 条测线的最大正误差、最大负误差、方差和中误差，如表 5-3 所示。

表 5-3　4 条测线 25 次室内重复性测量试验误差

测线	次数	均值/m	最大正误差/mm	最大负误差/mm	方差/mm^2	中误差/mm
PA	25	3.5793	0.8	−0.9	0.20	0.45
PB	25	4.0900	0.8	−0.9	0.24	0.49
PC	25	4.1157	1.2	−1.2	0.57	0.67
PD	25	4.4555	1.0	−1.0	0.19	0.43

表 5-3 的测量数据表明，4 条测线的中误差为 0.43～0.67mm，最大正误差为 1.2mm，最大负误差为−1.2mm。任取 3 个基准点及对应的测线量测结果，根据式（5-6）和式（5-7）计算得到监测点 *P* 的三维坐标，监测点 *P* 的 3 个坐标分量（*x*、*y*、*z*）的各次测量误差分布如图 5-6～图 5-9 所示。3 个坐标分量（*x*、*y*、*z*）最大正误差、最大负误差、方差、中误差等精度评价指标结果如表 5-4 所示。

表 5-4　基于不同基准点计算的监测点 *P* 三维坐标室内重复性测量试验误差

分类	基准点 *A*、*B*、*C*			基准点 *A*、*B*、*D*			基准点 *A*、*C*、*D*			基准点 *B*、*C*、*D*		
	x	*y*	*z*	*x*	*y*	*z*	*x*	*y*	*z*	*x*	*y*	*z*
最大正误差/mm	8.6	2.3	5.6	1.7	2.0	3.4	1.7	2.7	3.6	6.0	5.5	11.3
最大负误差/mm	−5.1	−1.9	−9.6	−1.3	−1.8	−4.8	−1.3	−2.6	−3.8	−4.9	−7.3	−8.3
方差/mm^2	11.91	1.09	15.30	0.52	0.98	3.67	0.52	2.21	4.06	9.37	12.45	30.71
中误差/mm	3.45	1.05	3.91	0.72	0.99	1.92	0.72	1.49	2.02	3.06	3.53	5.54

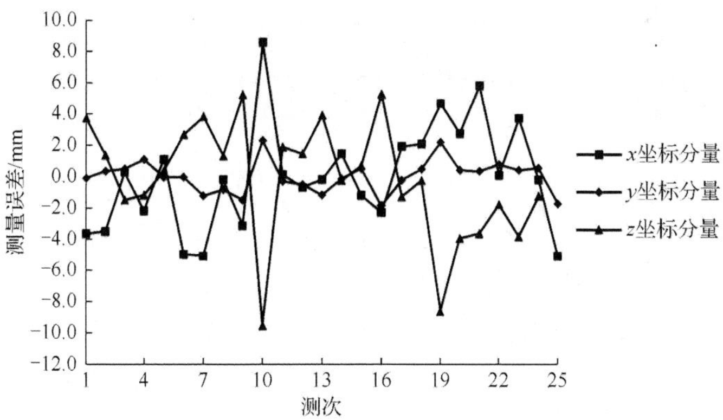

图 5-6　监测点 *P* 三维坐标室内重复测量试验误差分布图（基准点 *A*、*B*、*C*）

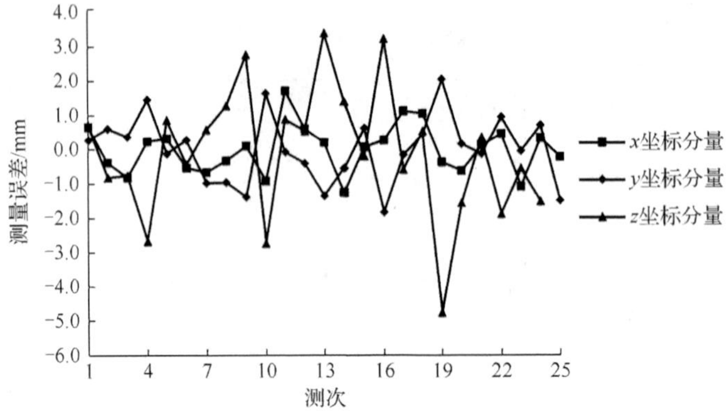

图 5-7　监测点 *P* 三维坐标室内重复测量试验误差分布图（基准点 *A*、*B*、*D*）

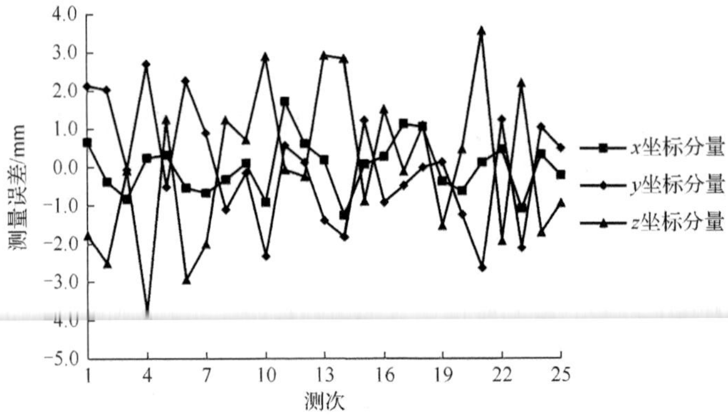

图 5-8　监测点 *P* 三维坐标室内重复测量试验误差分布图（基准点 *A*、*C*、*D*）

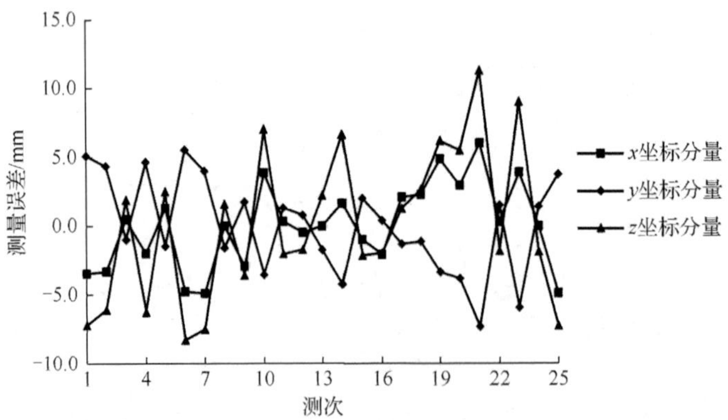

图 5-9　监测点 *P* 三维坐标室内重复测量试验误差分布图（基准点 *B*、*C*、*D*）

图 5-6～图 5-9 表明，激光收敛仪监测隧道洞口边仰坡地表位移的测量误差波动较大，基于不同的基准点计算出的监测点坐标位移中误差也有较大偏差，说明

误差大小与计算基准点的选择有关。其中，基于 *A*、*B*、*D* 3 个基准点计算出的 *x*、*y*、*z* 方向的中误差最小，分别为 0.72mm、0.99mm 和 1.92mm。表 5-4 中的误差分析结果中最大正误差为 11.3mm，最大负误差为−9.6mm，基于 *A*、*B*、*D* 3 个基准点计算出的最大正误差为 3.4mm，最大负误差为−4.8mm。

表 5-4 中的误差分析数据表明，激光收敛仪监测隧道洞口边仰坡地表位移在 *x*、*y* 方向的精度要优于 *z* 方向，基于 *A*、*B*、*D* 3 个基准点计算出的 *x*、*y* 方向的中误差分别为 0.72mm 和 0.99mm，基本达到了激光收敛仪±1.0mm 的精度目标。在测线量测中误差为 0.43～0.67mm 的条件下，隧道洞口边仰坡地表位移的 *z* 方向坐标分量中误差最小值为 1.92mm，明显高于测线量测的中误差。这说明式（5-5）和式（5-6）在 *z* 方向的计算存在误差传播，使得隧道洞口边仰坡地表位移 *z* 方向坐标分量的中误差被放大。

5.3.2　室内位移测量试验

在实验室内进行激光收敛仪监测隧道洞口边仰坡地表位移测量试验，取一个相对坐标原点 *O*，按照图 5-4 所示的测量原理在 4 个基准点 *A*、*B*、*C*、*D* 上安装膨胀螺栓和激光收敛仪固定装置，基准点与坐标原点 *O* 的相对坐标为 *A*(0.000, 1.441, 0.574)，*B*(0.913, 1.228, 0.765)，*C*(1.781, 0.000, 0.756)，*D*(3.252, 2.153, 0.000)。将监测点 *P* 的反光片安装固定在一个可以三维精密调节的燕尾式工作台上，测量时调整燕尾式工作台在 3 个方向的移动实现监测点 *P* 的位移，并使用 3 个百分表测量工作台在每个方向上的移动距离，百分表安装固定在磁性表座上，如图 5-10（a）所示。按照仪器安装［图 5-10（b）］、测量、拆卸、再安装的过程对隧道洞口边仰坡地表位移进行测量试验。

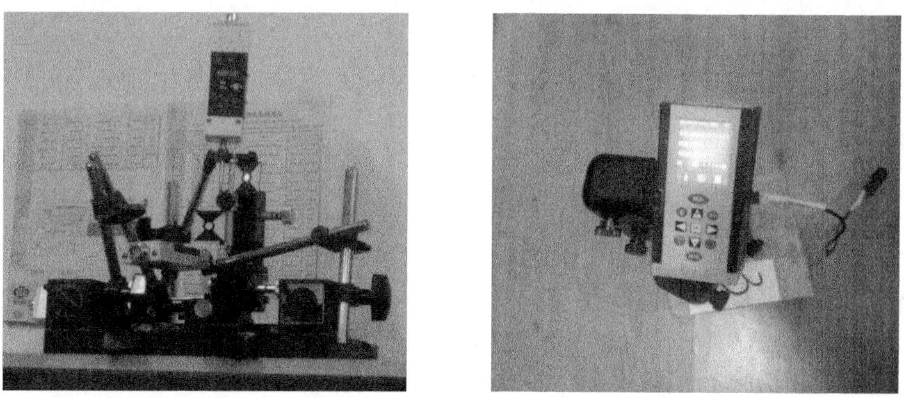

（a）监测点反光片及百分表安装　　（b）激光收敛仪安装与固定

图 5-10　激光收敛仪监测隧道洞口边仰坡地表位移测量试验照片

基于基准点 A、B、C 计算得到监测点 P 的三维位移，与百分表的量测结果对比如表 5-5 和图 5-11 所示；基于基准点 A、B、D 计算得到监测点 P 的三维位移，与百分表的量测结果对比如表 5-6 和图 5-12 所示；基于基准点 A、C、D 计算得到监测点 P 的三维位移，与百分表的量测结果对比如表 5-7 和图 5-13 所示；基于基准点 B、C、D 计算得到监测点 P 的三维位移，与百分表的量测结果对比如表 5-8 和图 5-14 所示。

表 5-5　基于基准点 A、B、C 计算的监测点 P 三维位移与百分表量测结果对比

测次	百分表			激光收敛仪			差值		
	x/mm	y/mm	z/mm	x/mm	y/mm	z/mm	Δx/mm	Δy/mm	Δz/mm
1	0.00	0.00	0.00	0.0	0.0	0.0	0.00	0.00	0.00
2	1.37	1.44	1.36	10.4	8.1	29.0	−9.03	−6.66	−27.64
3	3.45	3.59	4.41	3.6	1.8	14.5	−0.15	1.79	−10.09
4	7.10	6.69	7.80	2.7	0.4	16.3	4.40	6.29	−8.50
5	10.80	9.47	10.53	4.6	4.7	11.4	6.20	4.77	−0.87
6	12.88	11.73	12.68	1.7	3.3	22.9	11.18	8.43	−10.22
7	14.81	13.55	14.34	9.3	8.9	8.3	5.51	4.65	6.04
8	16.65	14.74	16.42	6.7	8.1	14.6	9.95	6.64	1.82
9	18.26	16.89	18.37	3.9	8.0	22.3	14.36	8.89	−3.93
10	19.85	19.09	19.70	7.8	12.5	13.2	12.05	6.59	6.50
11	21.31	21.04	21.35	4.2	8.5	32.5	17.11	12.54	−11.15
12	23.28	23.50	23.72	0.1	8.2	40.8	23.18	15.30	−17.08

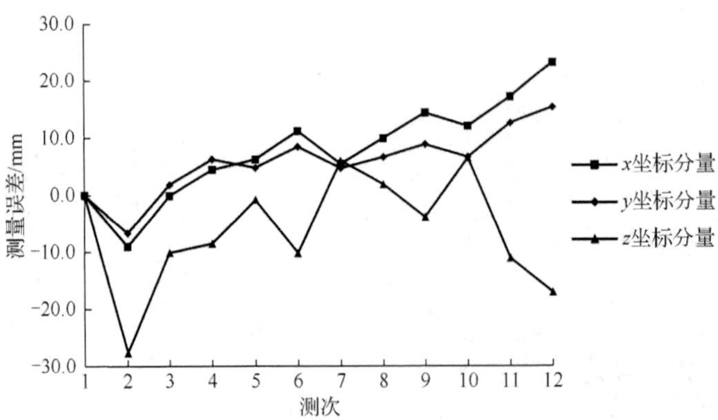

图 5-11　基于基准点 A、B、C 计算的监测点 P 三维位移与百分表量测结果对比图

表 5-6　基于基准点 *A*、*B*、*D* 计算的监测点 *P* 三维位移与百分表量测结果对比

测次	百分表			激光收敛仪			差值		
	x/mm	*y*/mm	*z*/mm	*x*/mm	*y*/mm	*z*/mm	Δ*x*/mm	Δ*y*/mm	Δ*z*/mm
1	0.00	0.00	0.00	0.0	0.0	0.0	0.00	0.00	0.00
2	1.37	1.44	1.36	0.0	4.3	7.1	−1.37	2.86	5.74
3	3.45	3.59	4.41	1.9	4.9	4.9	−1.55	1.31	0.49
4	7.10	6.69	7.80	4.7	9.0	9.2	−2.40	2.31	1.40
5	10.80	9.47	10.53	10.5	11.5	9.4	−0.30	2.03	−1.13
6	12.88	11.73	12.68	11.4	14.6	11.0	−1.48	2.87	−1.68
7	14.81	13.55	14.34	14.6	14.8	10.5	−0.21	1.25	−3.84
8	16.65	14.74	16.42	14.8	17.3	13.8	−1.85	2.56	−2.62
9	18.26	16.89	18.37	15.9	21.8	19.9	−2.36	4.91	1.53
10	19.85	19.09	19.70	17.2	23.0	19.8	−2.65	3.91	0.10
11	21.31	21.04	21.35	19.1	25.6	19.8	−2.21	4.56	−1.55
12	23.28	23.50	23.72	20.1	31.2	29.3	−3.18	7.70	5.58

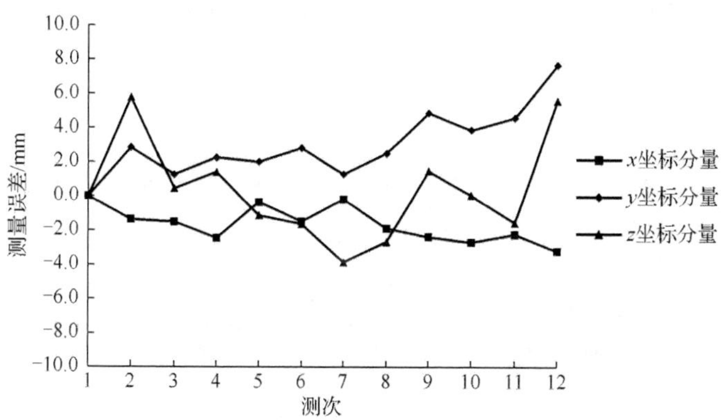

图 5-12　基于基准点 *A*、*B*、*D* 计算的监测点 *P* 三维位移与百分表量测结果对比图

表 5-7　基于基准点 *A*、*C*、*D* 计算的监测点 *P* 三维位移与百分表量测结果对比

测次	百分表			激光收敛仪			差值		
	x/mm	*y*/mm	*z*/mm	*x*/mm	*y*/mm	*z*/mm	Δ*x*/mm	Δ*y*/mm	Δ*z*/mm
1	0.00	0.00	0.00	0.0	0.0	0.0	0.00	0.00	0.00
2	1.37	1.44	1.36	2.3	0.2	0.7	0.93	−1.24	−0.66
3	3.45	3.59	4.41	3.2	2.7	0.7	−0.25	−0.89	−3.71
4	7.10	6.69	7.80	6.2	6.2	3.8	−0.90	−0.49	−4.00
5	10.80	9.47	10.53	11.7	9.3	5	0.90	−0.17	−5.53
6	12.88	11.73	12.68	13.5	10.9	3.8	0.62	−0.83	−8.88

续表

测次	百分表			激光收敛仪			差值		
	x/mm	y/mm	z/mm	x/mm	y/mm	z/mm	Δx/mm	Δy/mm	Δz/mm
7	14.81	13.55	14.34	15.7	12.9	6.6	0.89	−0.65	−7.74
8	16.65	14.74	16.42	16.4	14.3	7.8	−0.25	−0.44	−8.62
9	18.26	16.89	18.37	18.4	17.3	11	0.14	0.41	−7.37
10	19.85	19.09	19.70	19.1	19.6	12.9	−0.75	0.51	−6.80
11	21.31	21.04	21.35	22.3	20	8.7	0.99	−1.04	−12.65
12	23.28	23.50	23.72	24.3	23.6	14.5	1.02	0.10	−9.22

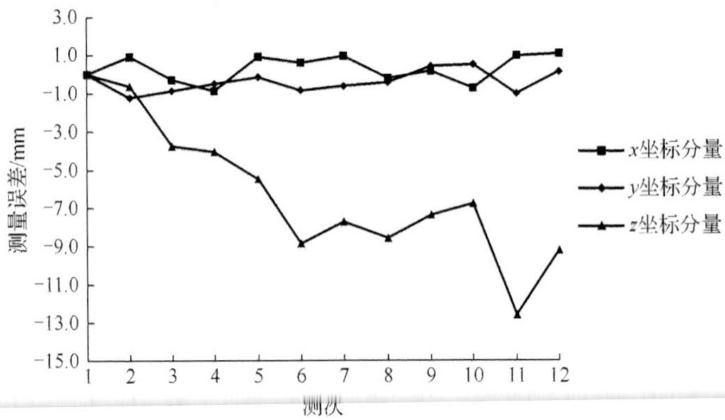

图 5-13　基于基准点 A、C、D 计算的监测点 P 三维位移与百分表量测结果对比图

表 5-8　基于基准点 B、C、D 计算的监测点 P 三维位移与百分表量测结果对比

测次	百分表			激光收敛仪			差值		
	x/mm	y/mm	z/mm	x/mm	y/mm	z/mm	Δx/mm	Δy/mm	Δz/mm
1	0.00	0.00	0.00	0.0	0.0	0.0	0.00	0.00	0.00
2	1.37	1.44	1.36	5.7	0.4	4.5	4.33	−1.04	3.14
3	3.45	3.59	4.41	5.0	2.4	1.4	1.55	−1.19	−3.01
4	7.10	6.69	7.80	8.6	5.8	1.1	1.50	−0.89	−6.70
5	10.80	9.47	10.53	13.6	9.0	3.0	2.80	−0.47	−7.53
6	12.88	11.73	12.68	16.6	10.3	0.4	3.72	−1.43	−12.28
7	14.81	13.55	14.34	17.4	12.6	4.8	2.59	−0.95	−9.54
8	16.65	14.74	16.42	19.0	13.8	5.0	2.35	−0.94	−11.42
9	18.26	16.89	18.37	22.2	16.6	6.7	3.94	−0.29	−11.67
10	19.85	19.09	19.70	22.0	19.0	9.6	2.15	−0.09	−10.10
11	21.31	21.04	21.35	27.0	19.1	3.4	5.69	−1.94	−17.95
12	23.28	23.50	23.72	30.7	22.4	7.3	7.42	−1.10	−16.42

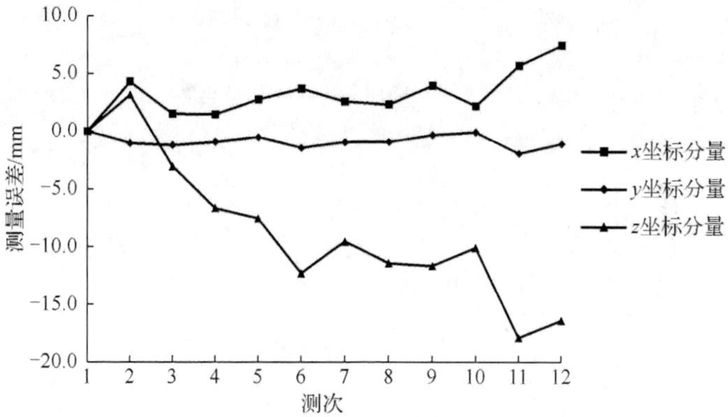

图 5-14　基于基准点 B、C、D 计算的监测点 P 三维位移与百分表量测结果对比图

由图 5-11～图 5-14 表明，激光收敛仪监测隧道洞口边仰坡地表位移基于不同的基准点计算出的监测点三维位移误差有较大偏差，说明误差大小与计算基准点的选择有关。其中，基于 A、C、D 3 个基准点计算出的 x、y 方向的结果与百分表的量测结果误差最小，其最大正误差和最大负误差分别为 1.06mm 和−1.23mm；基于 A、B、D 3 个基准点计算出的 z 方向的结果与百分表的量测结果误差最小，其最大正误差和最大负误差分别为 5.78mm 和−3.86mm。

表 5-5～表 5-8 的误差分析数据表明，激光收敛仪监测隧道洞口边仰坡地表位移方法的测量误差大小与计算基准点的选择有较大关系，不同基准点计算出的误差可能有几倍的差距，这就要求在边坡变形前，多次测量初始读数经过试算来确定最优的计算基准点。误差分析数据也表明激光收敛仪监测隧道洞口边仰坡地表三维位移方法在 x、y 方向的最小测量中误差基本达到了±1.0mm 的精度目标，明显要优于 z 方向的测量精度。

5.3.3　隧道洞口边仰坡地表位移监测点中误差推导分析

对式（5-8）全微分有

$$\begin{cases} \mathrm{d}\Delta x = \mathrm{d}x_{P,0} - \mathrm{d}x_{P,i} \\ \mathrm{d}\Delta y = \mathrm{d}y_{P,0} - \mathrm{d}x_{P,i} \\ \mathrm{d}\Delta z = \mathrm{d}z_{P,0} - \mathrm{d}z_{P,i} \end{cases} \tag{5-9}$$

根据误差传播定理，监测点 P 初次测量的中误差 $m_{x_{P,0}}$ 和第 i 次测量的中误差 $m_{x_{P,i}}$ 相等，由式（5-9）可得到监测点 P 的三维坐标计算中误差 m_x、m_y、m_z：

$$\begin{cases} m_x = \sqrt{m_{x_{P,0}}^2 + m_{x_{P,i}}^2} = \sqrt{2} m_{x_{P,i}} \\ m_y = \sqrt{m_{y_{P,0}}^2 + m_{y_{P,i}}^2} = \sqrt{2} m_{y_{P,i}} \\ m_z = \sqrt{m_{z_{P,0}}^2 + m_{z_{P,i}}^2} = \sqrt{2} m_{z_{P,i}} \end{cases} \tag{5-10}$$

为了求得$m_{x_{P,i}}$、$m_{y_{P,i}}$及$m_{z_{P,i}}$，取式（5-7）的前三式展开：

$$\begin{cases} x_{P,i}^2 - 2x_{P,i}x_A + x_A^2 + y_{P,i}^2 - 2y_{P,i}y_A + y_A^2 + z_{P,i}^2 - 2z_{P,i}z_A + z_A^2 = S_{PA,i}^2 \\ x_{P,i}^2 - 2x_{P,i}x_B + x_B^2 + y_{P,i}^2 - 2y_{P,i}y_B + y_B^2 + z_{P,i}^2 - 2z_{P,i}z_B + z_B^2 = S_{PB,i}^2 \\ x_{P,i}^2 - 2x_{P,i}x_C + x_C^2 + y_{P,i}^2 - 2y_{P,i}y_C + y_C^2 + z_{P,i}^2 - 2z_{P,i}z_C + z_C^2 = S_{PC,i}^2 \end{cases} \tag{5-11}$$

令

$$\begin{cases} y_{P,i} = a_1 x_{P,i} + b_1 + c_1 \\ z_{P,i} = a_2 x_{P,i} + b_2 + c_2 \end{cases} \tag{5-12}$$

其中

$$a_1 = \frac{(x_A - x_C)(y_A - y_B) - (x_A - x_B)(y_A - y_C)}{(z_A - z_B)(y_A - y_C) - (z_A - z_C)(y_A - y_B)}$$

$$b_1 = \frac{(y_A - y_C)(S_{PB,i}^2 - S_{PA,i}^2) - (y_A - y_B)(S_{PC,i}^2 - S_{PA,i}^2)}{2\left[(z_A - z_B)(y_A - y_C) - (z_A - z_C)(y_A - y_B)\right]}$$

$$c_1 = \frac{(x_C^2 + y_C^2 + z_C^2 - x_A^2 - y_A^2 - z_A^2)(y_A - y_B) - (x_B^2 + y_B^2 + z_B^2 - x_A^2 - y_A^2 - z_A^2)(y_A - y_C)}{2\left[(z_A - z_B)(y_A - y_C) - (z_A - z_C)(y_A - y_B)\right]}$$

$$a_2 = \frac{(x_A - x_C)(z_A - z_B) - (x_A - x_B)(z_A - z_C)}{(y_A - y_B)(z_A - z_C) - (y_A - y_C)(z_A - z_B)}$$

$$b_2 = \frac{(z_A - z_C)(S_{PB,i}^2 - S_{PA,i}^2) - (z_A - z_B)(S_{PC,i}^2 - S_{PA,i}^2)}{2\left[(y_A - y_B)(z_A - z_C) - (y_A - y_C)(z_A - z_B)\right]}$$

$$c_2 = \frac{(x_C^2 + y_C^2 + z_C^2 - x_A^2 - y_A^2 - z_A^2)(z_A - z_B) - (x_B^2 + y_B^2 + z_B^2 - x_A^2 - y_A^2 - z_A^2)(z_A - z_C)}{2\left[(y_A - y_B)(z_A - z_C) - (y_A - y_C)(z_A - z_B)\right]}$$

式（5-11）中的第 2 个等式减第 1 个等式，并将式（5-12）代入，得

$$\begin{aligned} &2(x_A - x_B)x_{P,i} + 2(y_A - y_B)(a_1 x_{P,i} + b_1 + c_1) + 2(z_A - z_B)(a_2 x_{P,i} + b_2 + c_2) \\ &+(x_B^2 + y_B^2 + z_B^2 - x_A^2 - y_A^2 - z_A^2) = S_{PB,i}^2 - S_{PA,i}^2 \end{aligned} \tag{5-13}$$

式（5-13）中的变量为$x_{P,i}$、$S_{PA,i}$、$S_{PB,i}$、$S_{PC,i}$，对式（5-13）全微分有

$$\begin{aligned} &(x_A - x_B)\mathrm{d}x_{P,i} + a_1(y_A - y_B)\mathrm{d}x_{P,i} + (y_A - y_B)\mathrm{d}b_1 + a_2(z_A - z_B)\mathrm{d}x_{P,i} + (z_A - z_B)\mathrm{d}b_2 \\ &= S_{PB,i}\mathrm{d}S_{PB,i} - S_{PA,i}\mathrm{d}S_{PA,i} \end{aligned}$$

$$\begin{aligned} \mathrm{d}x_{P,i} &= \frac{-(y_A - y_B)\mathrm{d}b_1 - (z_A - z_B)\mathrm{d}b_2 + S_{PB,i}\mathrm{d}S_{PB,i} - S_{PA,i}\mathrm{d}S_{PA,i}}{(x_A - x_B) + a_1(y_A - y_B) + a_2(z_A - z_B)} \\ &= \frac{M \cdot S_{PA,i}\mathrm{d}S_{PA,i} + N \cdot S_{PB,i}\mathrm{d}S_{PB,i} + R \cdot S_{PC,i}\mathrm{d}S_{PC,i}}{\left[(x_A - x_B) + a_1(y_A - y_B) + a_2(z_A - z_B)\right]\left[(y_A - y_B)(z_A - z_C) - (y_A - y_C)(z_A - z_B)\right]} \end{aligned}$$

其中，

$$\begin{aligned} M = &(y_A - y_B)^2 + \left[(z_A - z_B) - (y_A - y_B)\right] \cdot (y_A - y_C) - (z_A - z_B)^2 \\ &+ \left[(z_A - z_B) - (y_A - y_B)\right] \cdot (z_A - z_C) \end{aligned}$$

$$N=(y_A-y_B)\left[(y_A-y_C)+(z_A-z_C)\right]-(z_A-z_B)\left[(z_A-z_C)+(y_A-y_C)\right]$$

$$R=(z_A-z_B)^2-(y_A-y_B)^2$$

根据误差传播定理[98]有

$$m_{x_{P,i}}^2=\frac{M^2\cdot S^2{}_{PA,i}m_{S_{PA,i}}^2+N^2\cdot S^2{}_{PB,i}m_{S_{PB,i}}^2+R^2\cdot S^2{}_{PC,i}m_{S_{PC,i}}^2}{\left[(x_A-x_B)+a_1(y_A-y_B)+a_2(z_A-z_B)\right]^2\left[(y_A-y_B)(z_A-z_C)-(y_A-y_C)(z_A-z_B)\right]^2}\tag{5-14}$$

激光收敛仪测量 4 条测线的中误差相等，即 $m_{S_{PA,i}}=m_{S_{PB,i}}=m_{S_{PC,i}}=m_{S_{PD,i}}=m_S$，对式（5-14）简化可得

$$m_{x_{P,i}}=\sqrt{\frac{\phi_x}{\psi_x}}m_S\tag{5-15}$$

其中，

$$\begin{aligned}\phi_x=&\left\{(y_A-y_B)^2+\left[(z_A-z_B)-(y_A-y_B)\right]\cdot(y_A-y_C)-(z_A-z_B)^2\right.\\&\left.+\left[(z_A-z_B)-(y_A-y_B)\right]\cdot(z_A-z_C)\right\}^2\cdot S^2{}_{PA,i}+\left[(z_A-z_B)^2-(y_A-y_B)^2\right]^2\cdot S^2{}_{PC,i}\\&+\left\{(y_A-y_B)\left[(y_A-y_C)+(z_A-z_C)\right]-(z_A-z_B)\left[(z_A-z_C)+(y_A-y_C)\right]\right\}^2\cdot S^2{}_{PB,i}\end{aligned}$$

$$\begin{aligned}\psi_x=&\left\{(x_A-x_C)\cdot\left[(y_A-y_B)^2-(z_A-z_B)^2\right]\right.\\&\left.+(x_A-x_B)\left[(y_A-y_B)+(z_A-z_B)\right]\cdot\left[(z_A-z_C)-(y_A-y_C)\right]\right\}^2\end{aligned}$$

同理可得

$$m_{y_{P,i}}=\sqrt{\frac{\phi_y}{\psi_y}}m_S\tag{5-16}$$

$$m_{z_{P,i}}=\sqrt{\frac{\phi_z}{\psi_z}}m_S\tag{5-17}$$

其中，

$$\begin{aligned}\phi_y=&\left\{(z_A-z_B)^2+\left[(x_A-x_B)-(z_A-z_B)\right]\cdot(z_A-z_C)-(x_A-x_B)^2\right.\\&\left.+\left[(x_A-x_B)-(z_A-z_B)\right]\cdot(x_A-x_C)\right\}^2\cdot S^2{}_{PA,i}+\left[(x_A-x_B)^2-(z_A-z_B)^2\right]^2\cdot S^2{}_{PC,i}\\&+\left\{(z_A-z_B)\left[(z_A-z_C)+(x_A-x_C)\right]-(x_A-x_B)\left[(x_A-x_C)+(z_A-z_C)\right]\right\}^2\cdot S^2{}_{PB,i}\end{aligned}$$

$$\begin{aligned}\psi_y=&\left\{(y_A-y_C)\cdot\left[(z_A-z_B)^2-(x_A-x_B)^2\right]\right.\\&\left.+(y_A-y_B)\left[(z_A-z_B)+(x_A-x_B)\right]\cdot\left[(x_A-x_C)-(z_A-z_C)\right]\right\}^2\end{aligned}$$

$$
\begin{aligned}
\phi_z = & \left\{(x_A - x_B)^2 + \left[(y_A - y_B) - (x_A - x_B)\right]\cdot(x_A - x_C) - (y_A - y_B)^2 \right. \\
& \left. + \left[(y_A - y_B) - (z_A - z_B)\right]\cdot(y_A - y_C)\right\}^2 \cdot S^2{}_{PA,i} + \left[(y_A - y_B)^2 - (x_A - x_B)^2\right]^2 \cdot S^2{}_{PC,i} \\
& + \left\{(x_A - x_B)\left[(x_A - x_C) + (y_A - y_C)\right] - (y_A - y_B)\left[(y_A - y_C) + (x_A - x_C)\right]\right\}^2 \cdot S^2{}_{PB,i}
\end{aligned}
$$

$$
\begin{aligned}
\psi_z = & \left\{(z_A - z_C)\cdot\left[(x_A - x_B)^2 - (y_A - y_B)^2\right]\right. \\
& \left. +(z_A - z_B)\left[(x_A - x_B) + (y_A - y_B)\right]\cdot\left[(y_A - y_C) - (x_A - x_C)\right]\right\}^2
\end{aligned}
$$

所以激光收敛仪测量隧道洞口边仰坡地表三维位移 x、y、z 方向的测量中误差计算式为

$$
\begin{cases}
m_x = \sqrt{2} m_{x_{P,i}} = \sqrt{\dfrac{2\phi_x}{\psi_x}} m_S \\
m_y = \sqrt{2} m_{y_{P,i}} = \sqrt{\dfrac{2\phi_y}{\psi_y}} m_S \\
m_z = \sqrt{2} m_{z_{P,i}} = \sqrt{\dfrac{2\phi_z}{\psi_z}} m_S
\end{cases} \tag{5-18}
$$

由式（5-15）～式（5-17）可以看出，监测点 P 的三个坐标分量 x、y、z 的测量中误差不仅与激光收敛仪量测基准点与监测点之间测线距离的量测中误差相关，还与基准点间的坐标相对位置、计算监测点 P 三维坐标时选择的基准点相关。

第 6 章　智能激光收敛仪监测沉井施工过程井壁位移

6.1　沉井施工过程井壁位移测量方法简介

沉井工程施工过程中，沉井结构的水平位移和竖向沉降是沉井施工的主要影响因素，是评价沉井工程施工质量的重要指标。目前，沉井水平位移与竖向沉降监测常用的方法是利用水准仪、经纬仪进行测量，或者采用摄影量测法进行测量。以上这些监测方法都有一定的弊端。

（1）基于水准仪、经纬仪的监测方法，测量时自动化程度低，同时需要多人操作，且测量、记录、整理、计算都是人工操作，受人的主观影响因素较大，尤其当测量距离较长时存在较大误差。

（2）基于摄影量测的监测方法，摄像点的布设在一定程度上受到沉井施工条件的限制，数据处理系统较复杂，且开发及维护难度较大。

利用智能激光收敛仪系统监测沉井水平位移和竖向沉降具有如下优势。

（1）从技术方面看，利用智能激光收敛仪监测，测量精度高且能便捷地安装监测装置，可以减少人为主观因素引起的误差。

（2）从经济方面看，只需要一人操作智能激光收敛仪便可方便快捷地完成监测工作，安装及监测时均不影响沉井正常施工，节省了人员成本并提高了工效。

因此，利用所开发的智能激光收敛仪系统及其对准调节装置，开展沉井结构施工过程水平位移和竖向沉降的测量具有良好的实际应用价值。

6.2　沉井侧壁单点水平位移和沉降的监测原理及方法

6.2.1　监测原理

利用激光收敛仪测出两个时间点沉井井壁测点和反光片测点到激光收敛仪的水平距离变化，从而算出某施工时间段内沉井监测点的水平位移和竖向沉降。沉井测点水平位移与竖向沉降的测量原理如图 6-1 所示，反光片在沉井井壁的布置如图 6-2 所示。反光片须特别定制，为 L 形，长 1m，用于激光反射面的 L 形边宽为 20cm，固定在沉井侧壁的 L 形边宽为 10cm，与沉井侧壁棱边呈 30°，用 M10 膨胀螺栓将其固定在沉井侧壁上。监测原理具体如下。

（1）先选择与沉井相隔一定距离的点 E 作为安装激光收敛仪的不动基准点，将激光收敛仪在沉井井壁上的照射点作为水平监测点 M，将激光收敛仪在反光片上的照射点作为沉降监测点 N，M、N 点均布置在沉井的同一高度。

（2）设 t_i 时刻，激光收敛仪测得 E、M 之间的距离为 l_x^i，E、N 之间的距离为 l_z^i。

（3）设 t_{i+1} 时刻，激光收敛仪测得 E、M 之间的距离为 l_x^{i+1}，E、N 之间的距离为 l_z^{i+1}。

（4）根据上述测量结果 l_x^i、l_x^{i+1}、l_z^i、l_z^{i+1} 得出监测点 M 的水平位移及监测点 N 的沉降位移。

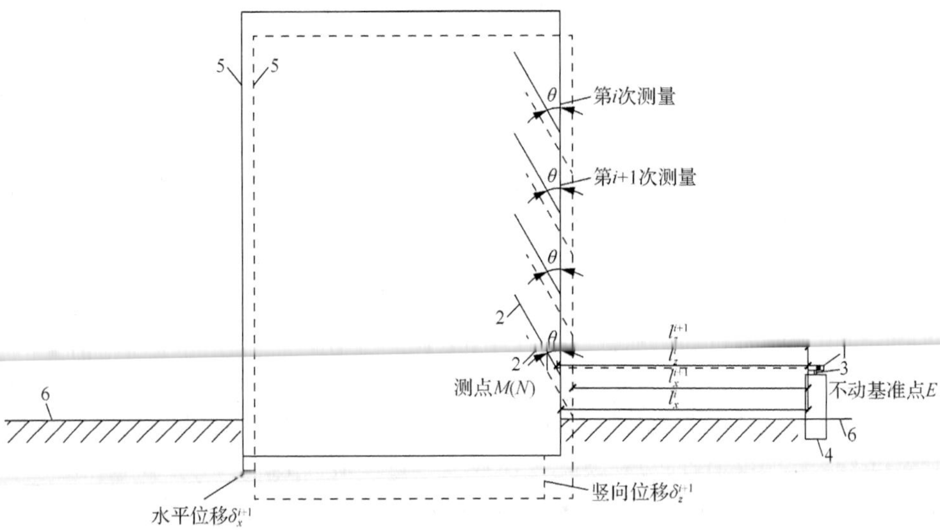

1—激光收敛仪；2—反光片；3—测量不动点；4—仪器桩基；5—沉井井壁；6—地面。

图 6-1　沉井测点水平位移与竖向沉降的测量原理示意图

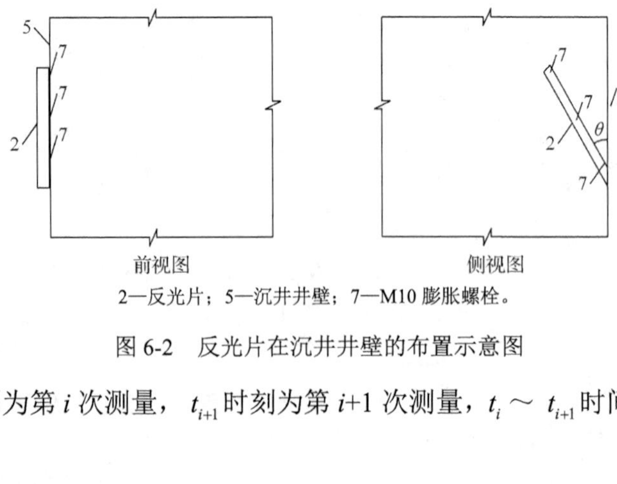

2—反光片；5—沉井井壁；7—M10 膨胀螺栓。

图 6-2　反光片在沉井井壁的布置示意图

设 t_i 时刻为第 i 次测量，t_{i+1} 时刻为第 i+1 次测量，t_i ～ t_{i+1} 时间段内两次测量

之间 M 点的水平位移为 δ_x^{i+1}、N 点的竖向沉降位移为 δ_z^{i+1}、反光片与沉井井壁的夹角为 θ，则可得 δ_x^{i+1}、δ_z^{i+1} 的计算式为

$$\delta_x^{i+1} = l_x^{i+1} - l_x^i \tag{6-1}$$

$$\delta_z^{i+1} = \frac{l_z^{i+1} - l_z^i}{\tan\theta} \tag{6-2}$$

式中，δ_x^{i+1}——第 i 次测量和第 i+1 次测量之间 M 点的绝对水平位移；

δ_z^{i+1}——第 i 次测量和第 i+1 次测量之间 N 点的绝对沉降位移；

l_x^i——t_i 时刻 E、M 两点之间的距离；

l_x^{i+1}——t_{i+1} 时刻 E、M 两点之间的距离；

l_z^i——t_i 时刻 E、N 两点之间的距离；

l_z^{i+1}——t_{i+1} 时刻 E、N 两点之间的距离。

其中，当 i=0 时，为沉井施工前的测量状态，此时沉井的水平位移和竖向沉降均为 0。

6.2.2　监测方法

根据激光收敛仪监测沉井结构单点水平位移和竖向沉降的原理，在实际监测过程中，按照如下方法实施监测。

首先在沉井施工影响范围外埋设桩基，用于安装激光收敛仪和对准调节装置，并作为不动基准点 E；然后在沉井侧壁安装反光片，反光片与沉井侧壁夹角为 θ，在反光片上布设竖向观测点 N；接着在反光片与沉井侧壁相邻面布设水平位移观测点 M，保持观测点 N 和 M 布设在同一水平面，水平距离不超过 20cm。若将沉井视为刚体，则该两点的位移可视为两个面相交棱上与测点 M、测点 N 处于同一水平面上点 H 的水平位移和竖向沉降。

在 t_i 时刻，利用激光收敛仪分别测得 E、M 之间的距离为 l_{EMx}^i，E、N 之间的距离为 l_{ENz}^i；在沉井施工后的 t_{i+1} 时刻，利用激光收敛仪分别测得 E、M 之间的距离为 l_{ENx}^{i+1}，E、N 之间的距离为 l_{ENz}^{i+1}。根据 l_{EMx}^i、l_{ENz}^i、l_{EMx}^{i+1}、l_{ENz}^{i+1} 即可求出该观测点在 t_i 到 t_{i+1} 时间段内的绝对水平位移 δ_{EMx}^{i+1} 和竖向沉降 δ_{ENz}^{i+1}，具体计算式如下：

$$\delta_{EMx}^{i+1} = l_{EMx}^{i+1} - l_{EMx}^i \tag{6-3}$$

$$\delta_{ENz}^{i+1} = \frac{l_{ENz}^{i+1} - l_{ENz}^i - \delta_{EMx}^{i+1}}{\tan\theta} \tag{6-4}$$

式中，δ_{EMx}^{i+1}——第 i 次测量和第 i+1 次测量之间 M 点的绝对水平位移；

δ_{ENz}^{i+1}——第 i 次测量和第 i+1 次测量之间 N 点的绝对沉降；

l_{EMx}^{i+1}——t_i 时刻 E、M 两点之间的距离；

l_{EMx}^i——t_{i+1} 时刻 E、M 两点之间的距离；

l_{ENz}^{i}——t_i 时刻 E、N 两点之间的距离；

l_{ENz}^{i+1}——t_{i+1} 时刻 E、N 两点之间的距离。

根据式（6-3）和式（6-4），即可测出在某段时间内监测点的绝对水平位移和绝对竖向沉降，设 t_0 时刻沉井观测点 H 的水平位移和竖向沉降均为 0，在 t_{i+1} 时刻沉井观测点 H 的水平总位移为 δ_{Hx}、竖向总沉降为 δ_{Hz}，可得其具体计算式为

$$\delta_{Hx}=\sum_{n=0}^{i+1}\delta_{Hx}^{n} \tag{6-5}$$

$$\delta_{Hz}=\sum_{n=0}^{i+1}\delta_{Hz}^{n} \tag{6-6}$$

式中，δ_{Hx}——t_0 到 t_{i+1} 时间段内 H 点的水平总位移；

δ_{Hz}——t_0 到 t_{i+1} 时间段内 H 点的竖向总沉降。

根据式（6-5）和式（6-6）即可求出沉降结构单个测点在某个时间段内的绝对水平位移和绝对竖向沉降，以及一定时间内总的绝对水平位移和绝对竖向沉降。

6.3 沉井侧壁不均匀水平位移和竖向沉降的监测原理及方法

6.3.1 监测原理

如 6.2.1 节所述，可以测定沉井井壁上某点在某段时间内的水平位移和竖向沉降。同时在沉井井壁上布设 A、B、C、D 4 个测点，如图 6-3 所示。设第 i 次测量和第 i+1 次测量之间 A、B、C、D 各点的绝对水平位移和绝对竖向沉降分别为 δ_{Ax}^{i+1}、δ_{Az}^{i+1}、δ_{By}^{i+1}、δ_{Bz}^{i+1}、δ_{Cx}^{i+1}、δ_{Cz}^{i+1}、δ_{Dy}^{i+1}、δ_{Dz}^{i+1}。

将沉井结构视作刚体，则有 D 点 X 方向的位移等于 C 点 X 方向的位移，即 $\delta_{Dx}^{i+1}=\delta_{Cx}^{i+1}$，$C$ 点 Y 方向的位移等于 B 点 Y 方向的位移，即 $\delta_{Cy}^{i+1}=\delta_{By}^{i+1}$，以 A、D 两点的竖向沉降差值作为面 AD 第 i 次测量和第 i+1 次测量之间的不均匀竖向沉降 δ_{DAz}^{i+1}。同理可定义面 AB、面 BC、面 CD 的不均匀竖向沉降 δ_{ABz}^{i+1}、δ_{BCz}^{i+1}、δ_{CDz}^{i+1}。将沉井结构视作刚体，面 AD 与面 BC 的竖向位移相等，A、D 两点的竖向位移差值作为竖向沉降 δ_{ABz}^{i+1}、δ_{BCz}^{i+1}、δ_{CDz}^{i+1}。将沉井结构视作刚体，面 CD 与面 AB 的不均匀水平位移相等，面 AD 与面 BC 的不均匀水平位移相等，A、D 两点的水平位移差值作为面 AD 第 i 次测量和第 i+1 次测量之间的不均匀水平位移 δ_{ADx}^{i+1}，同理 C、D 两点的水平位移差值作为面 CD 第 i 次测量和第 i+1 次测量之间的不均匀水平位移为 δ_{CDy}^{i+1}。

$$\delta_{ADx}^{i+1}=\delta_{Ax}^{i+1}-\delta_{Dx}^{i+1} \tag{6-7}$$

$$\delta_{CDy}^{i+1}=\delta_{Cy}^{i+1}-\delta_{Dy}^{i+1} \tag{6-8}$$

$$\delta_{ABz}^{i+1} = \delta_{Az}^{i+1} - \delta_{Bz}^{i+1} \tag{6-9}$$

$$\delta_{BCz}^{i+1} = \delta_{Bz}^{i+1} - \delta_{Cz}^{i+1} \tag{6-10}$$

$$\delta_{CDz}^{i+1} = \delta_{Cz}^{i+1} - \delta_{Dz}^{i+1} \tag{6-11}$$

$$\delta_{DAz}^{i+1} = \delta_{Dz}^{i+1} - \delta_{Az}^{i+1} \tag{6-12}$$

式中，δ_{ADx}^{i+1}——面 AD 在第 i 次测量和第 i+1 次测量之间沿 X 方向的不均匀水平位移；

δ_{CDy}^{i+1}——面 CD 在第 i 次测量和第 i+1 次测量之间沿 Y 方向的不均匀水平位移；

δ_{ABz}^{i+1}、δ_{BCz}^{i+1}、δ_{CDz}^{i+1}、δ_{DAz}^{i+1}——面 AB、面 BC、面 CD、面 DA 在第 i 次测量和第 i+1 次测量之间沿 Z 方向的不均匀竖向沉降。

同单个测点的监测原理类似，可以监测得到某个时间段内某个面的总的不均匀水平位移和总的不均匀竖向沉降。

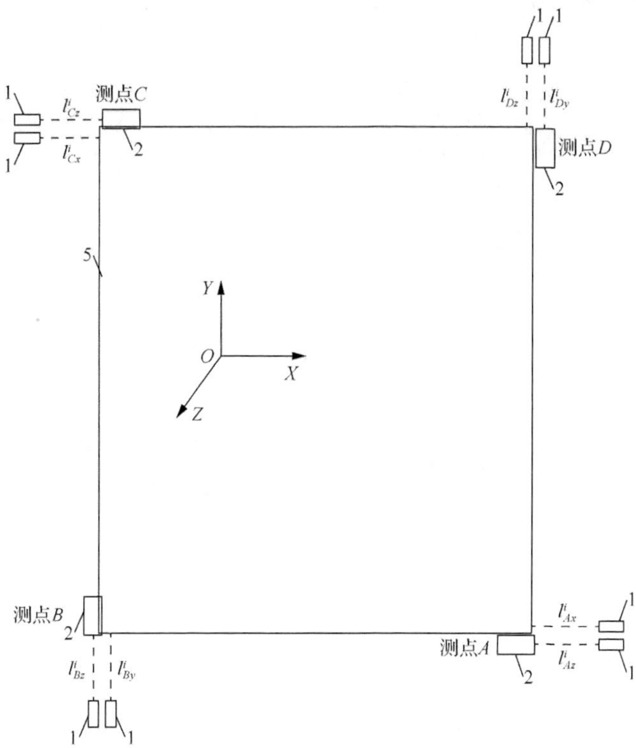

1—激光收敛仪；2—反光片；5—沉井井壁。

图 6-3　沉井不均匀水平位移和沉降测点布置示意图

6.3.2　监测方法

根据激光收敛仪监测沉井结构不均匀水平位移和竖向沉降的原理，在实际监测过程中，按照如下方法实施监测。

在沉井施工过程中，选定施工影响范围外的点作为不动基准点 E，并在 E 点埋设激光收敛仪桩基，作为每次测量时激光收敛仪的固定点。一般情况下，根据图 6-3 所示的布点方案进行监测点的布置，也可根据实际情况进行必要的调整。

实际测量过程中，依次安装激光收敛仪及对准调节装置，可由单人操作完成所有监测点的测量操作，完成所有测量后导出数据进行处理。

利用式（6-7）～式（6-12），可以计算得出沉井结构的不均匀水平位移和不均匀竖向沉降。

第 7 章　智能激光收敛仪监测地下水位及钢支撑轴力

7.1　地下水位及钢支撑轴力监测方法概述

随着基坑开挖越来越深、越来越大，在基坑施工过程中进行全面、系统的监测也愈加重要。围护桩加钢支撑的联合支护体系作为一种经济、有效的基坑支护形式应用广泛。对深基坑工程而言，支撑轴力是基坑监测的重要内容，是保证基坑安全施工的重要依据。钢支撑强度高，可以施加预应力，且安装和拆除比混凝土支撑方便，是一种良好的基坑支护措施。由于钢支撑连接形式比普通钢筋混凝土支撑简单、受力明确，通过钢支撑轴力可以反映出基坑土压力的变化及在开挖过程中各道支撑的相互协同作用。目前，基坑工程钢支撑轴力监测方法主要有两种：一种是在钢支撑上安装应变计，但是安装较危险，而且安装要求高，一般一根钢支撑上需要安装三四个应变计，成本高，并且监测精度的影响因素多，精度不容易保证；另一种是在钢支撑的端部串联安装轴力计，但该方法安装过程复杂，尤其是轴力计与钢支撑串联安装，需要施工单位配合将钢支撑配置到合适的长度，如果钢支撑已经配置好或已经施工完毕就无法实施轴力计的安装。

此外，基坑工程中面临的地下水位问题也越来越严重，据不完全统计，基坑相关的工程事故中，四分之三左右事故的发生与地下水密切相关。因此，对基坑周边地下水位进行监测是基坑工程必不可少的环节。通过地下水位的监测可以判断基坑降水是否满足设计要求，是否满足基坑开挖条件，或者是否会引起周边地下水位的较大下降以判断止水帷幕的效果。目前地下水位的监测方法主要有两种：一种是通过埋设地下水位观测井，用钢尺（未沾有水迹）直接伸入水位观测井，记录湿迹与井口的距离计算出地下水位的高程。但该法只适用于地下水位较高的情况，精度不容易保证。另一种是通过埋设地下水位观测井，采用电测水位计进行测量，从电缆的标尺上直接读出水深。该方法精度也较低。

不难看出，基坑钢支撑轴力及周边地下水位监测是工程施工中不可缺少的内容，而目前采用常规技术方法进行监测时并不能快捷简便、准确有效地反映监测结果，并且容易受到施工现场及周边环境的影响。因此，利用智能激光收敛仪监测系统监测钢支撑轴力、地下水位具有明显的实际工程意义。

7.2　激光收敛仪监测地下水位的原理及方法

7.2.1　监测原理

激光收敛仪监测基坑周边地下水位的原理示意图如图 7-1 所示，图中 h_0 为金属半环竖起时到地面的距离。在需要监测的地下水位处用工程钻探机钻孔，埋设地下水位监测井，在水位监测井中放置浮标，浮标上面设置反光片，激光收敛仪通过固定装置固定在水位监测井上方，使激光收敛仪激光点照到浮标反光片位置，读取两个测点间的距离，这个距离可以换算成绝对高程或相对高程，其差值可以反映水位变化的情况，定期监测这两点间的距离，与前面几次的结果对比可知地下水位的变化。

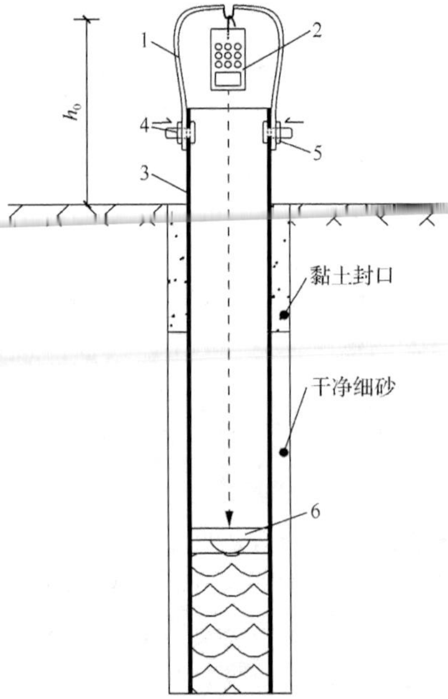

1—金属半环；2—激光收敛仪；3—井管；4—螺栓；5—螺母；6—微型浮标。

图 7-1　激光收敛仪监测基坑周边地下水位的原理示意图

在基坑及降水影响范围内埋设地下水位监测井，根据监测方案规定的监测频率，利用激光收敛仪直接测量地下水位到地面的距离，并记录激光收敛仪每一次的读数 $h_{wi}(i=1,2,3,\cdots,n)$，其与第一次测值的差值 $h_{wi}-h_{w0}$，即为各监测时间地下水位的变化量 Δh_{wi}：

$$\Delta h_{wi} = h_{wi} - h_{w0} \tag{7-1}$$

式中，h_{w0}——激光收敛仪第 1 次测量地下水位到地面的距离；

h_{wi}——激光收敛仪第 i 次测量地下水位到地面的距离；

Δh_{wi}——各监测时间地下水位的变化量。

地下水位与地面的距离 H_{wi}，即为激光收敛仪每一次量测的读数 h_{wi} 与 h_0 的差值，如式（7-2）所示：

$$H_{wi} = h_{wi} - h_0 \tag{7-2}$$

式中，H_{wi}——地下水位与地面的距离。

7.2.2　监测方法

根据图 7-1 所示的激光收敛仪监测地下水位的工作原理，在需要监测的地下水位处钻孔并埋设监测井，在伸出地面的井管两侧设置螺栓使得有一定宽度的金属半环可放松和锁紧，激光收敛仪通过挂钩与金属半环连接，转动激光收敛仪对准调节装置照准反光片，开始监测工作。具体实施步骤如下。

（1）在基坑及降水影响范围内用工程钻探机钻孔，埋设地下水位监测井。

（2）在水位监测井中放置浮标，浮标上面设置反光片。

（3）使用有一定宽度的金属半环，金属半环两侧均设有一个小孔，通过螺栓与水位管进行锁紧与放松，测出金属半环竖起时到地面的距离为 h_0。

（4）使激光收敛仪与金属半环通过挂钩连接，并使激光收敛仪的激光点照准浮标反光片位置，然后读取读数，第一次测值记为 h_{w0}。

（5）按照规定的测量频率，重复上述测量步骤，并记录激光收敛仪读数 $h_{wi}\ (i=1,2,3,\cdots,n)$，利用式（7-1）和式（7-2）计算得出基坑周边地下水位及其变化情况。

7.3　激光收敛仪监测钢支撑轴力的原理及方法

7.3.1　监测原理

激光收敛仪监测地铁基坑钢支撑轴力的原理示意图如图 7-2 所示，根据地铁基坑钢支撑轴力监测方案，在基坑钢支撑架设后、施加预应力前，选定待监测的基坑两侧钢支撑的钢垫板，一侧焊接固定装置，另一侧布设反光片。监测时，激光收敛仪底部的螺纹孔与固定装置的螺丝杆连接，形成固定装置，并使激光收敛仪的激光点照准待测点反光片中央，读取两个测点间距离的读数。定期监测这两点间的距离，与第一次测值的差即为各监测时间的钢支撑变形，再由胡克定律计算得出钢支撑的轴力。

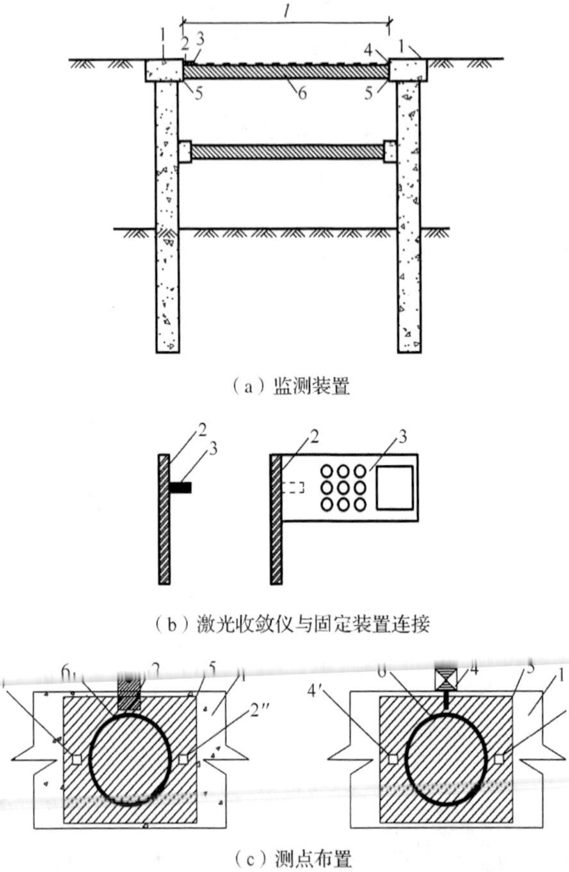

1—圈梁或围檩；2—固定装置（同时作为钢支撑上部方位测点）；2′、2″—钢支撑左右两侧方位测点；
3—激光收敛仪；4—反光片（同时作为另一侧钢支撑上部方位对应测点）；
4′、4″—另一侧钢支撑左右两侧方位对应测点；5—钢支撑端部钢垫板；6—钢支撑。

图 7-2　激光收敛仪监测地铁基坑钢支撑轴力的原理示意图

通过转动对准调节装置使激光点对准反光片，然后记录读数，第一次测值记为 l_0，按照规定的测量频率，记录每一次读数 $l_i (i=1,2,3,\cdots,n)$，与第一次测值的差 l_i-l_0 即为各监测时间的钢支撑变形 Δl_i，由胡克定律即可计算其轴力 N_i。具体计算式为

$$N_i=\left[(l_i-l_0)/l_0\right]\cdot E_g\cdot A_g \tag{7-3}$$

式中：E_g ——钢支撑的弹性模量；

A_g ——钢支撑的横截面积。

7.3.2 监测方法

根据图 7-2 所示激光收敛仪监测地铁基坑钢支撑轴力的工作原理，在基坑一侧钢支撑上安装钢垫片，并在钢垫片上焊接固定装置，激光收敛仪通过螺丝杆与固定装置连接；同时在另一侧钢垫片上设置反光片，作为钢支撑变形测线的一个点。在实际工程应用中应确保激光收敛仪有精确对中和微调装置，使激光点对准反光片，具体实施方法如下。

（1）基坑钢支撑架设后、施加预应力前，选取一侧基坑钢支撑端部钢垫板，在其上焊接固定装置，另一侧基坑钢支撑端部钢垫板对应部位设置反光片。

（2）使激光收敛仪与固定装置通过螺丝杆连接，并使激光收敛仪的激光点照准待测点反光片中央，然后读取读数，第一次测值记为 l_0。

（3）按照每天一次的测量频率，重复上述测量步骤，并记录读数，根据式（7-3）求得基坑钢支撑的轴力。

（4）为使监测结果更精确，可以在钢支撑的上部、左部及右部各布设一对测点，求取平均值作为钢支撑轴力监测的最终结果。

参 考 文 献

[1] 中华人民共和国国家发展和改革委员会，中华人民共和国交通运输部．关于印发《国家公路网规划》的通知[R/OL].(2022-07-04)[2024-04-24]. https://www.ndrc.gov.cn/xxgk/zcfb/ghwb/202207/t20220712_1330358.html.

[2] 中华人民共和国交通运输部．2022 年交通运输行业发展统计公报[R/OL]. (2023-06-21)[2024-01-24]. https://www.gov.cn/govweb/lianbo/bumen/202306/content_6887539.htm.

[3] 田四明，王伟，巩江峰．中国铁路隧道发展与展望（含截至 2020 年底中国铁路隧道统计数据）[J]．隧道建设（中英文），2021，41（2）：308-325.

[4] 陈晓雪．基于三维激光影像扫描系统的边坡位移监测预测研究[D]．北京：北京林业大学，2008.

[5] 谷志孟，白世伟，刘继光，等．WMR-4 型收敛计的研制与现场应用[J]．岩土力学，1987，8（3）：57-63.

[6] 谷志孟，幸志坚，梁愈明．WMR 型系列收敛计和钻孔多电位移计的研制与应用[J]．岩土力学，1992，13（1）：86-93.

[7] 宋冶．SWJ-Ⅳ隧道收敛计的技术性能[J]．世界隧道，2000（4）：68-72.

[8] 范荣．SWJ-Ⅴ隧道收敛计的技术性能[J]．现代隧道技术，2014，51（6）：186-195.

[9] 舒本仁．钢尺式收敛计的误差分析[J]．岩土力学，1986，7（1）：67-72.

[10] 马莉．隧道净空收敛量测精度分析[J]．中国有色金属学报，1997，7（1）：31-35.

[11] 刘绍堂．隧道施工期间的变形监测技术[J]．地下空间与工程学报，2006，2（8）：1346-1348.

[12] 刘绍堂，肖海文．隧道拱顶下沉监测[J]．地下空间与工程学报，2007，3（8）：1397-1399.

[13] 雷坚强．测微器水准仪在隧道拱顶下沉量测中的应用[J]．现代隧道技术，2012，49（1）：171-174.

[14] 张泽信，张书丰，刘宁．静力水准仪在运营期地铁隧道变形监测中的应用及分析[J]．现代隧道技术，2015，52（1）：203-208.

[15] BASSET T R H, KIMMANCE J P, RASMUSSEN C. An automated electrolevel deformation monitoring system for tunnels[J]. Geotechnical Engineering, 1999, 137(3): 117-125.

[16] 李欣，方长运．巴塞特收敛测量系统[J]．三晋测绘，2004，11（3-4）：34-37.

[17] 宋冶．自由设站法三维变形观测精度的检测[J]．工程勘察，1999（1）：61-63.

[18] 王浩，葛修润，宋罡，等．全站仪在隧道开挖施工三维变形监测中的应用[J]．岩石力学与工程学报，1999，18（增刊）：1217-1219.

[19] 邓念武，朱杰兵．全站仪在隧洞三维变形监测中的应用研究[J]．岩土力学，2003，24（增刊 1）：158-161.

[20] 杨松林，刘维宁，师红云，等．全站仪自由设站隧道围岩变形非接触监测理论和方法的研究[J]．土木工程学报，2006，39（4）：100-104.

[21] 杨松林，谭忠盛，田爱军，等．基于自动全站仪的围岩收敛快速量测系统变形研究[J]．中南公路工程，2006，31（1）：43-46.

[22] 熊飞，王耀辉，唐新建，等．用全站仪进行隧道拱顶及地表沉降观测[J]．土木工程，2009，23（1）：75-78.

[23] 曾京，王源，刘建永．免棱镜全站仪测量拱顶下沉的方法与分析[J]．解放军理工大学学报（自然科学报），2009，10（2）：179-182.

[24] 马莉，朱永全．隧道变形的近景摄影测量精度的试验研究[J]．铁道建设，1997（2）：28-30.

[25] LI X P. Photogrammetric investigation into low-resolution digital camera systems[D]. Ottawa, Canada: University of New Brunswick, 1999.

[26] SATORU M, TAKUJI Y, MICHIO I, et al. Configuration and displacement measurement using vision metrology[C]// Proceedings of ISRM International Symposium: EUROCK, Madeira, Portugal, 2002: 029.

[27] MIURA S, IMAI M, OHNISHI Y, et al. Vision metrology applied for configuration and displacement measurement[C]// Proceedings of the 6th International Symposium on Field Measurements in Geomechanics, 2003: 569-574.

[28] 刘大刚．数码摄影技术在隧道位移信息采集中的研究与应用[D]．成都：西南交通大学，2004.

[29] 王国辉，马莉，杨腾峰，等．手持普通相机监测隧道洞室位移的研究和应用[J]．岩石力学与工程学报，2005，24（增 2）：5885-5889．

[30] INAUDI D, CASANOVA N, STEINMANN G. SOFO: Tunnel monitoring with fiber optic sensors[J]. Reducing Risk in Tunnel Design and Construction, 1998, 12(7-8): 25-36.

[31] INAUDI D. Application of optical fiber sensor in civil structural monitoring[C]//Proceedings of the SPIE's 8th Annual International Symposium on Smart Structures and Materials: Smart Structures and Materials 2001: Sensory Phenomena and Measurement Instrumentation for Smart Structures and Materials. Newport Beach, CA, United States, 2001, 4328: 1-10.

[32] MACPHERSON W N, SILVA-LOPEZ M, BARTON J S, et al. Tunnel monitoring using multicore fibre displacement sensor[J]. Measurement Science and Technology, 2006, 17(5): 1180-1185.

[33] METJE N, CHAPMAN D N, ROGERS C D F, et al. Optical fibre sensors for remote monitoring of tunnel displacement-Prototype tests in the laboratory[J]. Tunneling and Underground Space Technology, 2006, 21(3-4): 417-425.

[34] 施斌，徐学金，王摘，等．隧道健康诊断 BOTDR 分布式光纤应变监测技术研究[J]．岩石力学与工程学报，2005，24（5）：2622-2628．

[35] 吴钰骅，沈林冲，金伟良．长距离光纤传感技术在地铁隧道监测中的应用[J]．中国市政工程，2006（6）：59-61．

[36] 魏广庆，施斌，胡盛，等．FBG 在隧道施工监测中的应用与关键问题探讨[J]．岩石力学与工程学报，2009，31（4）：571-576．

[37] 孙新民，孙红月，严细水．FBG 传感器在量测围岩内部位移中的应用[J]．岩石力学与工程学报，2008，27（增刊 2）：3847-3851．

[38] LEVOY M, HANRAHAN P. Light field rendering[C]//Proceedings of the 23rd Annual Conference on Computer Graphics and Interactive Techniques. ACM, New York, United States, 1996: 31-42.

[39] LEVOY M, PULLI K, CURLESS B, et al. The digital Michelangelo project: 3D scanning of large statues[C]// Proceedings of the 27th Annual Conference on Computer Graphics and Interactive Techniques. ACM, New York, United States, 2000: 131-144.

[40] El-HAKIM S F, BOULANGER P. Mobile system for indoor 3-D mapping and creating virtual environments: U.S. Patent 6009359[P]. 1999-12-28.

[41] El-HAKIM S F, BERALDIN J A, PICARD M, et al. Detailed 3D reconstruction of large-scale heritage sites with integrated techniques[J]. Computer Graphics and Applications, 2004, 24(3): 21-29.

[42] STAMOS I, ALLEN P K. Geometry and texture recovery of scenes of large scale: integration of range and intensity sensing[J]. Computer Vision and Image Understanding, 2002, 88(2): 94-118.

[43] STAMOS I, ALLEN P K. 3-D model construction using range and image data[C]//Proceedings of IEEE Conference on Computer Vision and Pattern Recognition. Hilton Head, SC, USA: IEEE, 2000: 531-536.

[44] WINKELBACH S, MOLKENSTRUCK S, WAHL F M. Low-cost laser range scanner and fast surface registration approach[C]//Proceedings of the 28th DAGM Symposium, 2006: 718-728.

[45] 李健，万幼川，江梦华，等．基于地面激光技术的隧道变形监测技术[J]．地理空间信息，2012，10（1）：14-17．

[46] 毕俊，冯琰，顾星晔，等．三维激光扫描技术在地铁隧道收敛变形监测中的应用研究[J]．测绘科学，2008，33（专刊）：14-15．

[47] 谢雄耀，卢晓智，田海洋，等．基于地面三维激光扫描技术的隧道全断面变形测量方法[J]．岩石力学与工程学报，2013，32（11）：2214-2222．

[48] 詹显军，尚海松，伍晓君，等．隧道收敛激光监测系统：201120156612.1[P]．2011-05-17．

[49] 张晓军．巷道及采空区围岩安全实时全方位无损监测装置及预警方法：201010581134.9[P]．2011-05-18．

[50] 肖国峰，陈从新，黄平路，等．一种激光式收敛计装置：201110208659.2[P]．2011-12-28．

[51] 姜谙男，李鹏．一种地下工程岩体位移激光测量装置：201210269947.3[P]．2012-11-07．

[52] 肖国峰，杨俊波，陈从新．一种激光收敛测量方法及其精度评估[J]．岩土力学，2014，35（3）：896-900．

[53] 张韬．深基坑变形预测模型研究及工程应用[D]．长沙：中南大学，2009．

[54] 中华人民共和国住房和城乡建设部．建筑基坑工程监测技术标准：GB 50497—2019[S]．北京：中国计划出版社，2019.
[55] 熊春宝，潘延玲，岳树信．基坑水平位移监测的方法比较与精度分析[J]．城市勘测，1996（4）：14-21.
[56] 刘宝俊．水平位移基准线随机测站观测法[J]．工程勘察，1998（2）：52-55.
[57] 王源，刘建永，胡灿，等．简易导线法在基坑水平位移监测中的应用研究[J]．工程勘察，199（4）：50-54.
[58] 寇刚，姚连璧．基坑水平位移监测方法的探讨[J]．地矿测绘，2002，18（4）：11-13.
[59] 胡园园，黄广龙，史瑞旭．深基坑水平位移监测方法的分析与比较[J]．现代测绘，2012，35（1）：40-44.
[60] 熊国文，张启岳．测斜仪精度试验与应用研究[J]．水利水运科学研究，1990（3）：287-296.
[61] 黄克辉．基坑测斜观测数据误差分析方法研究[J]．上海地质，2005（11）：55-57.
[62] 黄毅，刘国彬，张伟立，等．基于远程监控管理系统的深基坑测斜数据分析[J]．岩土工程学报，2008，30（增1）：461-464.
[63] 解仲明，涂帆．全站仪与测斜仪在基坑变形监测中的可靠性分析[J]．工程勘察，2009（9）：81-88.
[64] 詹显军，尚海松，姚晓明，等．激光收敛计在地铁基坑施工监测中的应用[C]//第 12 届海峡两岸隧道与地下工程学术与技术研讨会论文集，2013，E：66-74.
[65] 张正禄，梅文胜，邸国辉．用测量机器人监测三峡库区典型滑坡研究[J]．湖北地矿，2002，16（4）：56-59.
[66] 刘小生，罗任秀．边坡工程变形监测系统的研究[J]．金属矿山，2005（5）：45-47.
[67] 富崇彦，张立昌．孝义铝矿采场边坡位移监测及工程控制[J]．矿冶研究与开发，2006，26（5）：92-93.
[68] 王秀美，贺跃光，曾卓乔．数字化近景摄影测量系统在滑坡监测中的应用[J]．测绘通报，2002（2）：28-30.
[69] 李宁．基于数字摄影和图像分析的边坡监测预报研究[D]．郑州：郑州大学，2006.
[70] 许斌，何秀凤，岳建平，等．GPS 形变监测技术在天荒坪电站水库坝区的监测网试验[J]．水利水电科技进展，2004，24（5）：24-26.
[71] 过静珺，杨久龙，丁志刚，等．GPS 在滑坡监测中的应用研究：以四川雅安峡口滑坡为例[J]．地质力学学报，2004，10（1）：65-70.
[72] 徐绍铨，程温鸣，黄学斌，等．GPS 用于三峡库区滑坡监测的研究[J]．水利学报，2003（1）：114-118.
[73] 张振德，何宇华．遥感技术在长江三峡库区大型地质灾害调查中的应用[J]．国土资源遥感，2003（2）：11-14.
[74] SUN D F, LI H, LIN P. Monitoring land use and landscape changes caused migrant resettlement with remote sensing in Region of Three Gorges of Yangtze River[J]. Transactions of the CSAE, 2003, 19(5): 218-224.
[75] 金和钟．激光精密测距的发展和应用[J]．激光技术，1991，15（3）：180-185.
[76] 张春燕．提高脉冲激光测距仪的测程研究[D]．南京：南京理工大学，2008.
[77] 周维虎，石俊凯，纪荣祎，等．飞秒激光频率梳精密测距技术综述[J]．仪器仪表学报，2017，38（8）：1859-1868.
[78] 王红智．相位式激光测距仪自动跟踪技术研究[D]．哈尔滨：哈尔滨工业大学，2022.
[79] 孙婷．手持式激光测距仪的研究[D]．北京：北京交通大学，2012.
[80] 齐炜胤，尤政，张高飞，等．激光测距技术在空间的应用[J]．中国航天，2008（5）：38-42.
[81] 贾方秀．多频调制的相位法激光测距中若干关键技术研究[D]．哈尔滨：哈尔滨工业大学，2010.
[82] PETER J, de GROOT. Extending the unambiguous range of two-color interferometers[J]. Applied Optics, 1994, 33(25): 5948-5953.
[83] 中国矿业学院测量教研室．激光测距仪[M]．北京：煤炭工业出版社，1980.
[84] 黄瑞光．相位式光波测距仪[M]．北京：地震出版社，1986.
[85] 刘宝，刘军民．FMCW 雷达快速高精度测距算法[J]．电子测量与仪器学报，2001，15（3）：41-45.
[86] 同济大学测量系，清华大学测量教研组．测量学（土建类专用）[M]．北京：测绘出版社，1991.
[87] 许娅娅，雒应．测量学[M]．2 版．北京：人民交通出版社，2002.
[88] 施金钗．相位式半导体激光测距关键技术的研究[D]．厦门：厦门大学，2008.
[89] 黄瑞光，王建华，顾天龙，等．相位式光波测距仪[M]．北京：地震出版社，1986.
[90] JIN F, CAI H G. Data fusion and sensors model[J]. High Technology Letters, 2000, 6(1): 226-254.
[91] 王勇新，章恩耀，方仲彦．时幅转换技术及其在激光测距系统中的应用[J]．光学技术，2001（27）：88-89.
[92] 夏才初，龚建伍，唐颖，等．大断面小净距公路隧道现场监测分析研究[J]．岩石力学与工程学报，2007，26

（1）：44-50.

[93] 张国华，陈礼彪，钱师雄，等．大断面小近距大帽山隧道现场监测量测及分析[J]．岩土力学，2010，31（2）：489-496.

[94] 周丁恒，曹力桥，王晓形，等．浅埋大断面大跨度连拱隧道支护体系现场监测试验研究[J]．岩土工程学报，2010，32（10）：1573-1581.

[95] 中华人民共和国住房和城乡建设部．岩土锚杆与喷射混凝土支护工程技术规范：GB 50086—2015[S]．北京：中国计划出版社，2015.

[96] 中华人民共和国交通运输部．公路隧道施工技术规范：JTG/T 3660—2020[S]．北京：人民交通出版社，2020.

[97] 中国铁路总公司．客货共线铁路隧道工程施工技术规程：Q/CR 9653—2017[S]．北京：中国铁道出版社，2017.

[98] 刘星，吴斌．工程测量学[M]．重庆：重庆大学，2004.

[99] 王曙光．深基坑支护事故处理经验录[M]．北京：机械工业出版社，2005.

[100] 唐业清．基坑工程事故分析与处理[M]．北京：中国建筑工业出版社，1999.

[101] 马广生，王宁，牛化宪，等．深基坑位移激光传感自动监测及远、近程预警系统的研发与初步应用[J]．施工技术，2013，42（增刊）：86-89.

[102] 上海市住房和城乡建设管理委员会．基坑工程施工监测规程：DG/TJ 08—2001—2016[S]．上海：同济大学出版社，2016.

[103] 田林亚，周照明，腾松．四种常用坐标测量方法的精度对比[J]．测绘工程，2009，18（6）：37-39.

[104] 董秀军，黄润秋．三维激光扫描技术在高陡边坡地质调查中的应用[J]．岩石力学与工程学报，2006，35（增2）：3629-3635.

[105] 赵小平，闫丽丽，刘文龙．三维激光扫描技术边坡监测研究[J]．测绘科学，2010，35（4）：25-27.

[106] 王劲松，陈正阳，梁光华．GPS 一机多天线公路高边坡实时监测系统研究[J]．岩土力学，2009，35（5）：1532-1536.

附录 A　TunnelDataMgr 数据处理软件输出报表和曲线图

采用激光收敛仪进行量测时，隧道周边收敛、拱顶下沉监测日报表的样表分别如表 A-1 和表 A-2 所示，隧道周边收敛、拱顶下沉监测阶段性报表的样表分别如表 A-3 和表 A-4 所示，以及隧道周边收敛、拱顶下沉与时间关系曲线的样图分别如图 A-1 和图 A-2 所示。

表 A-1　隧道周边收敛监测日报表（采用激光收敛仪量测）样表

项目名称							合同段				公路等级		
施工单位							监测单位						
断面桩号	测线编号	埋设日期	监测时间	与开挖面距离	第一次读数	第二次读数	第三次读数	平均读数	累计收敛	相对收敛	间隔时间	收敛速率	备注
		（年月日）	（时分）	（m）	（m）	（m）	（m）	（m）	（mm）	（mm）	（d）	（mm/d）	
自检意见							监测意见						
测量		计算		复核		技术负责人			项目负责人			日期	

表 A-2　隧道拱顶下沉监测日报表（采用激光收敛仪量测）样表

项目名称					合同段				公路等级	
施工单位					监测单位					
断面桩号	监测点	埋设日期（年月日）	量测时间	与开挖面距离	测点高程	累计下沉值	相对下沉值	间隔时间	下沉速率	备注
			（时分）	（m）	（m）	（mm）	（mm）	（d）	（mm/d）	
自检意见						监测意见				
测量		复核		技术负责人		项目负责人			测量日期	

表 A-3　隧道周边收敛监测阶段性报表（采用激光收敛仪量测）样表

断面桩号			埋设日期			
日期	*BC*		*AB*		*AB*	
	累计收敛值	收敛速率	累计收敛值	收敛速率	累计收敛值	收敛速率
	（mm）	（mm/d）	（mm）	（mm/d）	（mm）	（mm/d）

表 A-4　隧道拱顶下沉监测阶段性报表（采用激光收敛仪量测）样表

断面桩号						
埋设时间						
日期	A_1		A_2		A_3	
	累计拱顶下沉	拱顶下沉速率	累计拱顶下沉	拱顶下沉速率	累计拱顶下沉	拱顶下沉速率
	（mm）	（mm/d）	（mm）	（mm/d）	（mm）	（mm/d）

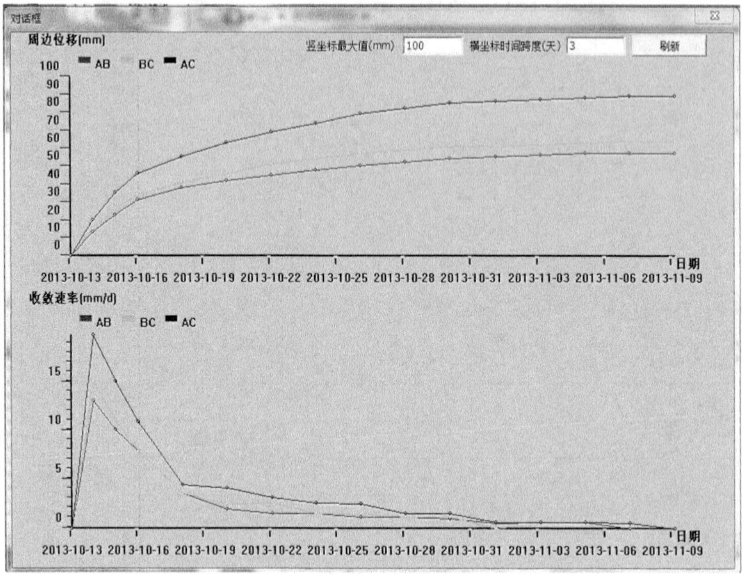

图 A-1　隧道周边收敛-时间曲线图（样图）

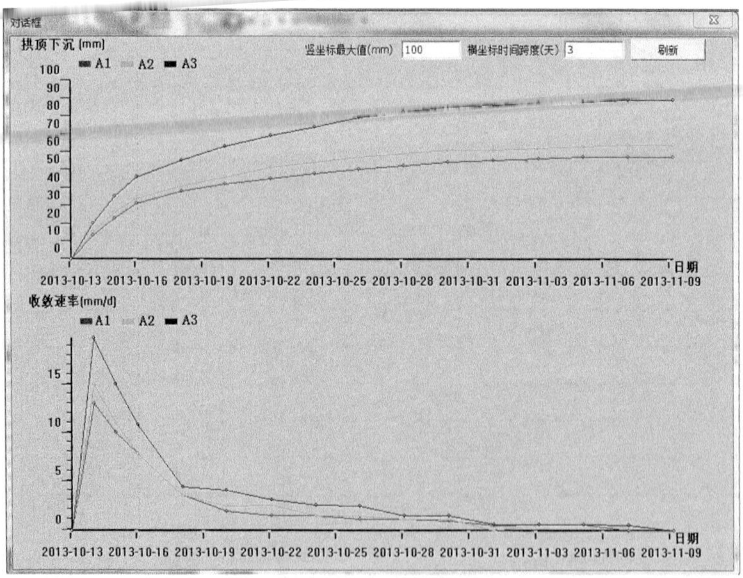

图 A-2　隧道拱顶下沉-时间曲线图（样图）

附录 B　智能激光收敛仪监测隧道周边收敛和拱顶下沉测线编号

采用激光收敛仪监测隧道周边收敛和拱顶下沉时，测线编号与隧道施工方法直接相关，具体如下：当隧道为全断面法施工且仅布置一个拱顶下沉监测点时对应的测线布置及编号分别如图 B-1 和表 B-1 所示；当隧道为全断面法施工且布置三个拱顶下沉监测点时对应的测线布置及编号分别如图 B-2 和表 B-2 所示；当隧道为上、下台阶法施工时对应的测线布置及编号分别如图 B-3 和表 B-3 所示；当隧道为中隔壁法（CD 法）施工时对应的测线布置及编号分别如图 B-4 和表 B-4 所示；当隧道为交叉中隔壁法（CRD 法）施工时对应的测线布置及编号分别如图 B-5 和表 B-5 所示；当隧道为双侧壁导坑法施工时对应的测线布置及编号分别如图 B-6 和表 B-6 所示。

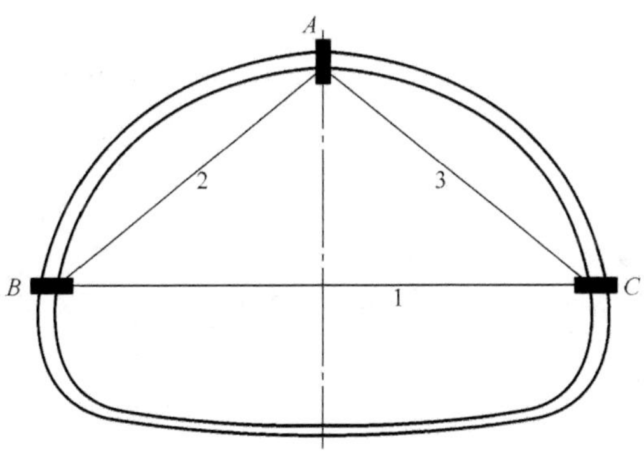

图 B-1　全断面法（一个拱顶下沉监测点）

表 B-1　全断面法（一个拱顶下沉监测点）三角形各边测线编号建议

拱顶下沉计算变量	△*ABC*
AB	2
BC	1
AC	3

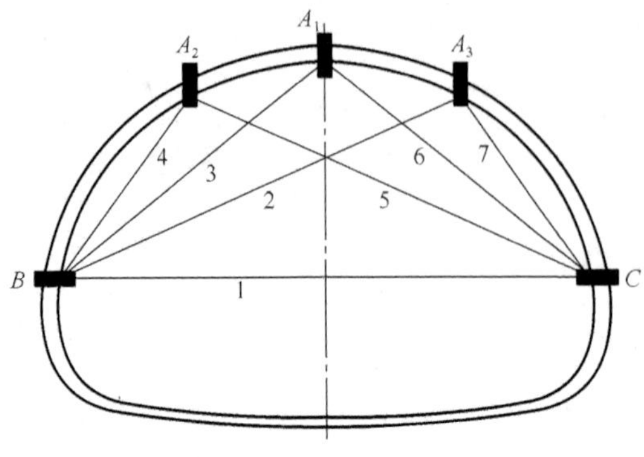

图 B-2　全断面法（三个拱顶下沉监测点）

表 B-2　全断面法（三个拱顶下沉监测点）三角形各边测线编号建议

拱顶下沉计算变量	$\triangle A_1BC$	$\triangle A_2BC$	$\triangle A_3BC$
AB	3	4	2
BC	1	1	1
AC	6	5	7

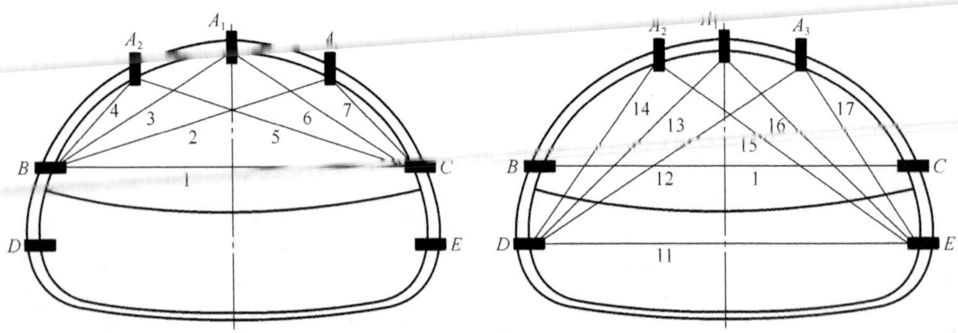

（a）上台阶施工　（b）下台阶施工

图 B-3　上、下台阶法

表 B-3　上、下台阶法三角形各边测线编号建议

拱顶下沉计算变量	测点 A_1		测点 A_2		测点 A_3	
	上台阶施工 $\triangle A_1BC$	下台阶施工 $\triangle A_1DE$	上台阶施工 $\triangle A_2BC$	下台阶施工 $\triangle A_2DE$	上台阶施工 $\triangle A_3BC$	下台阶施工 $\triangle A_3DE$
AB	3	13	4	14	2	12
BC	1	11	1	11	1	11
AC	6	16	5	15	7	17

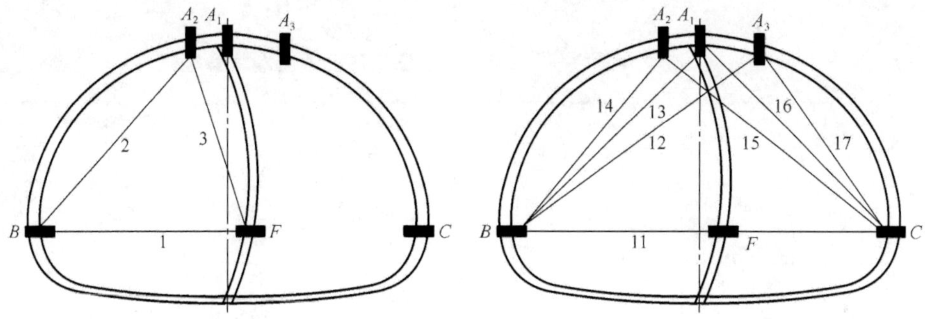

（a）导洞施工　　（b）右侧开挖施工

图 B-4　中隔壁法（CD 法）

表 B-4　中隔壁法（CD 法）三角形各边测线编号建议

拱顶下沉计算变量	测点 A_1	测点 A_2		测点 A_3
	右侧开挖 $\triangle A_1BC$	导洞施工 $\triangle A_2BF$	右侧开挖 $\triangle A_2BC$	右侧开挖 $\triangle A_3BC$
AB	13	2	14	12
BC	11	1	11	11
AC	16	3	15	17

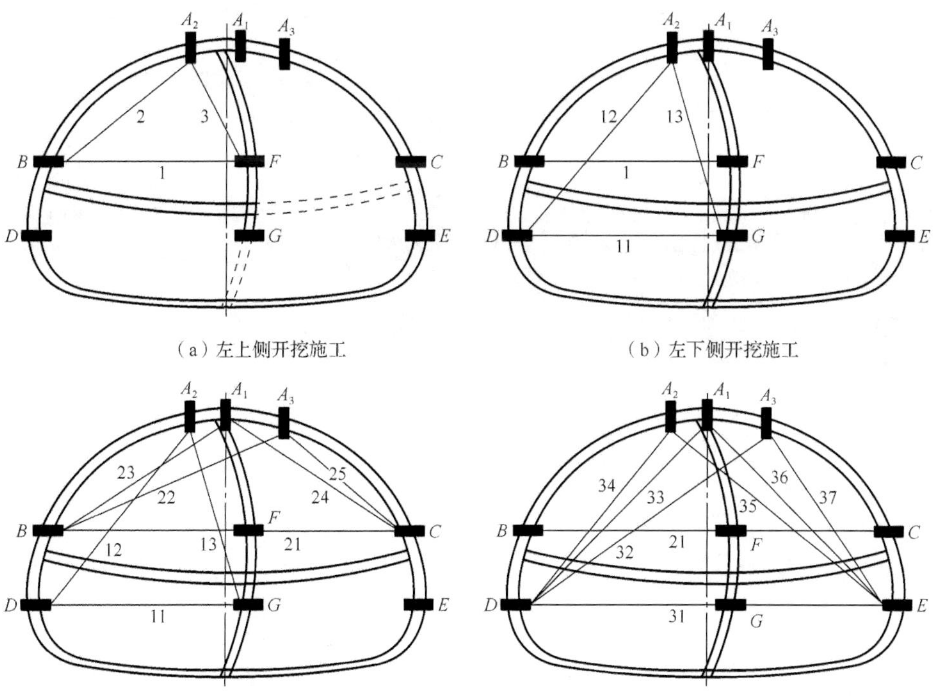

（c）右上侧开挖施　　（d）右下侧开挖施工

图 B-5　交叉中隔壁法（CRD 法）

表 B-5　交叉中隔壁法（CRD 法）三角形各边测线编号建议

拱顶下沉计算变量	测点 A_1		测点 A_2				测点 A_3	
	右上侧开挖 $\triangle A_1BC$	右下侧开挖 $\triangle A_1DE$	左上侧开挖 $\triangle A_2BF$	左下侧开挖 $\triangle A_2DG$	右上侧开挖 $\triangle A_2DG$	右下侧开挖 $\triangle A_2DE$	右上侧开挖 $\triangle A_3BC$	右下侧开挖 $\triangle A_3DE$
AB	23	33	2	12	12	34	22	32
BC	21	31	1	11	11	31	21	31
AC	24	36	3	13	13	35	25	37

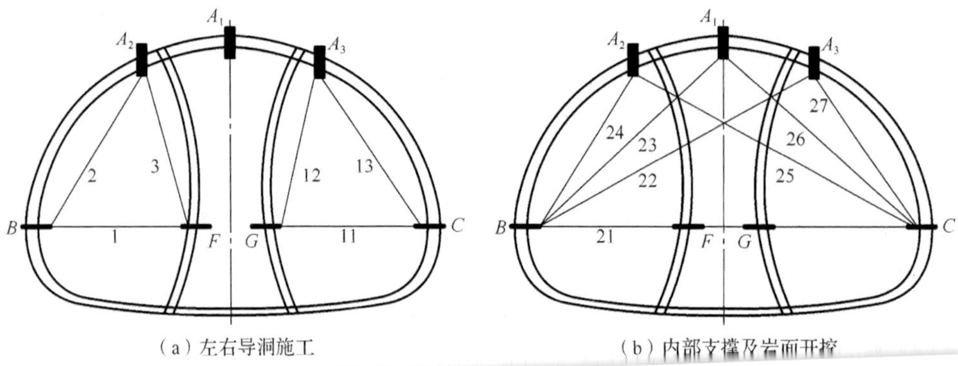

图 B-6　双侧壁导坑法

表 B-6　双侧壁导坑法三角形各边测线编号建议

拱顶下沉计算变量	测点 A_1	测点 A_2		测点 A_3	
	内部支撑施工 $\triangle A_1BC$	左右导洞施工 $\triangle A_2BF$	内部支撑施工 $\triangle A_2BC$	左右导洞施工 $\triangle A_3GC$	内部支撑施工 $\triangle A_3BC$
AB	23	2	24	12	22
BC	21	1	21	11	21
AC	26	3	25	13	27